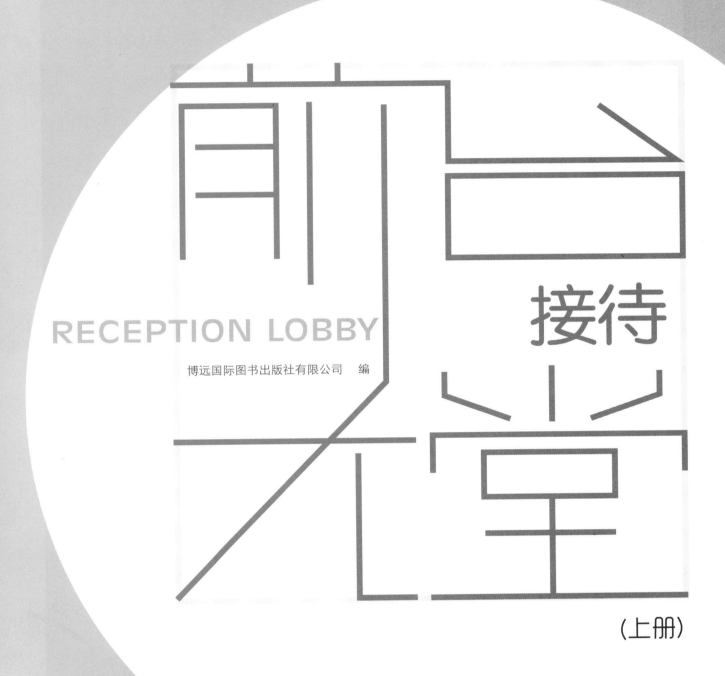

前台接待大堂

RECEPTION LOBBY

博远国际图书出版社有限公司　编

（上册）

天津大学出版社
TIANJIN UNIVERSITY PRESS

前言

中国有句古话：人靠衣装，佛靠金装。这充分说明衣着能够在一定程度上反映出一个人的礼仪形象、文化品位、个性爱好等。而在室内设计中，前台接待大堂是一个公司的脸面和名片。它们是迎接访客造访的第一接待区，其装修设计风格关系到访客对公司的第一印象；它们更是体现公司形象的门面功夫所在，不仅显示出一个公司的实力，更起到人际交流、商业礼仪、形象战略等诸多方面的重要作用；同时，客户还可以从视觉上直接感受到一个公司的文化与品位。

随着市场竞争日趋激烈，不论是酒店还是办公场所，抑或售楼会所、商业建筑，都越来越重视前台接待大堂的个性设计，而聪明的经营者，也无不对自己经营场所的这一部分形象格外重视。

因此，对关注这一领域的人们而言，如何使精心设计和装饰的前台接待大堂能够准确地传达企业信息；如何以有形的手段设计出无形的吸引力；如何利用建筑物本身及其内部空间环境，根据不同的尺度、造型、

色彩等创建形式多样、风格各异的商业环境；如何使企业的第一形象在众多商家中突显出来，这些都是企业能否出奇制胜的关键所在。

随着时代的进步、文化的发展以及室内设计领域日新月异的潮流变化，企业前台接待大堂的设计也朝着多元化的趋势发展，它既是商业文化成熟的表现，也是现代设计领域大放异彩的一个重要组成部分。

本套精心编著的《前台接待大堂》收录了来自不同国家、不同设计师的前台接待大堂设计作品，以优秀企业的前台与接待大堂设计实例欣赏为主，集合了近200个各具特色的项目，并给予详尽的文字点评。全书图文并茂，在创作理念、设计造型、灯光色彩搭配等方面向读者展现了当今最前卫、最真实的设计作品，让广大设计师更好地把握设计潮流，充实设计思维，发挥独特的设计潜能。本书既可以作为资料图集使用，也可为设计师等专业人士提供灵感源泉与参考，是一本信息量大且使用功能多的设计图书，希望此书的出版能给追求品位、个性的广大设计师和读者带来一些触动与共鸣。

目录

办公

办公

Arkitektur

设计机构：pS Arkitektur 建筑事务所
设 计 师：Peter Sahlin
参与设计：Martina Eliasson, Thérèse Svalling, Emilie Westergaard Folkersen
灯光设计：Beata Denton
摄　　影：Jason Strong Photography

　　斯德哥尔摩 HSB 办公室应用"Miljöbyggnad Silver"环境分类进行了一场彻底的装修。pS Arkitektur 建筑事务所担任了室内和空间设计师。根据声音和照明效果，他们努力建造了一个符合人类环境学的现代化办公室。结合新技术，将分隔式办公室改造成了能给人愉快体验的工作空间。
　　社会干预和活力成为关键词，设计主题是"欢迎回家"！登记处和生活商店以及内部的庭院都在一楼，给员工和客户提供了一个非正式聚集的场所。室内设计与之前的 40'ies 印花墙面和斗式升降梯大相径庭，新的设计舒适，色彩鲜艳。

易 · 空间

设计机构：福州易道设计机构
设 计 师：曾昊
项目地址：福建福州
项目面积：248 平方米
主要材料：硅藻泥、天然大理石、不锈钢、水洗砂、白色烤漆玻璃
摄　　影：周跃东

　　本案集公共办公、会议、商务洽谈、休闲为一体，在设计过程中考虑的是如何将现代办公的时尚元素融入源远流长的传统文化中，让传统的中式变得时尚起来，以激发愉悦的情绪，同时又让现代的时尚多一份传统的韵味与高贵。因此，"易"就成了空间的主题。

　　本案的主创思想是考虑如何将现代材质与传统中式休闲元素进行巧妙嫁接，同时融入时尚多样化的色彩，创造一个令人愉悦、身心放松的办公空间。

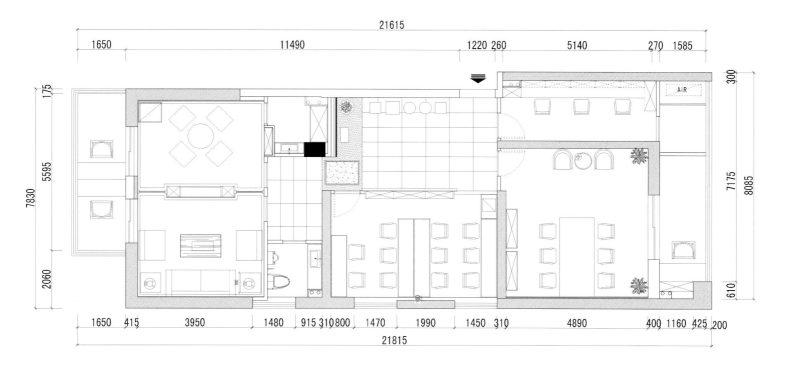

深圳粤长辉地产办公会所

项目地点：广东深圳
开 发 商：深圳市粤长辉实业发展有限公司
项目面积：2 000 平方米
主要材料：多乐士乳胶漆、镜钢、浅啡网、深啡网、桃花蕊面板等

　　从功能空间上划分，本案是集地产公司的形象展示、办公、餐饮、休闲等于一体的会所。本项目一共有两层，下面一层设计有大堂、前厅接待区、会议室、董事办等，楼上一层则设计有花园亭台，具有餐饮、休息、休闲娱乐等功能。
　　在设计手法上，本案力求营造一个稳重大气、高贵奢华的会所空间。大堂空间则设计有十二根实木柱子，有地灯渲染，氛围精彩无比。大堂地面的大理石拼花处理得新颖别致，和大堂天花相得益彰。

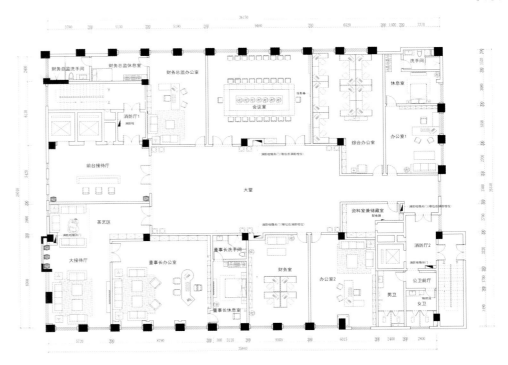

"心灵圣地"——禅亿上海办公室

设计机构：上海亿端室内设计有限公司
主设计师：徐旭俊
业　　主：禅亿
项目地址：上海普陀区
项目面积：200 平方米
主要材料：老木板、素水泥、灰砖片、钢管、麻绳、毛石、鹅卵石

　　当下浮躁的都市快节奏，使人们的工作环境变得单调、乏味。一个具有创意生活及文化底蕴、能让人清静下来的独特空间和办公氛围是本案前瞻性设计的初衷。以自然淳朴的材质以及佛教文化等元素为载体，通过幽暗的灯光、清静的氛围着力营造出"禅"的意境和企业文化，契合企业核心理念"心灵圣地"这一主题。

禅亿上海办公室平面布置图

艾奕康上海办公室

设计机构： 艾奕康
项目地址： 上海
项目面积： 6 404 平方米
主要材料： 大花白、腊克漆、地毯、木材

　　作为一家在中国的巨大市场中发展的跨国公司，艾奕康上海办公室的室内设计承载着树立强有力的企业形象和品牌意识的责任。办公室可让将近 500 名员工同时办公。作为一家设计工程顾问公司，以空间感来反映创新的设计是本项目的目标。室内建筑团队提出了一个开放的平面方案，用现代简洁的线条烘托出精致、高雅的氛围。

　　艾奕康的设计理念的核心在于此信仰——聪明的设计可以改变一家公司及其工作生活方式。从引人入胜的走廊到公共休息区再到贯穿着三层楼的气派楼梯，都体现出艾奕康秉承的一贯宗旨——提供温馨的工作环境，使员工热爱自己的办公环境，并且有种宾至如归的感觉。

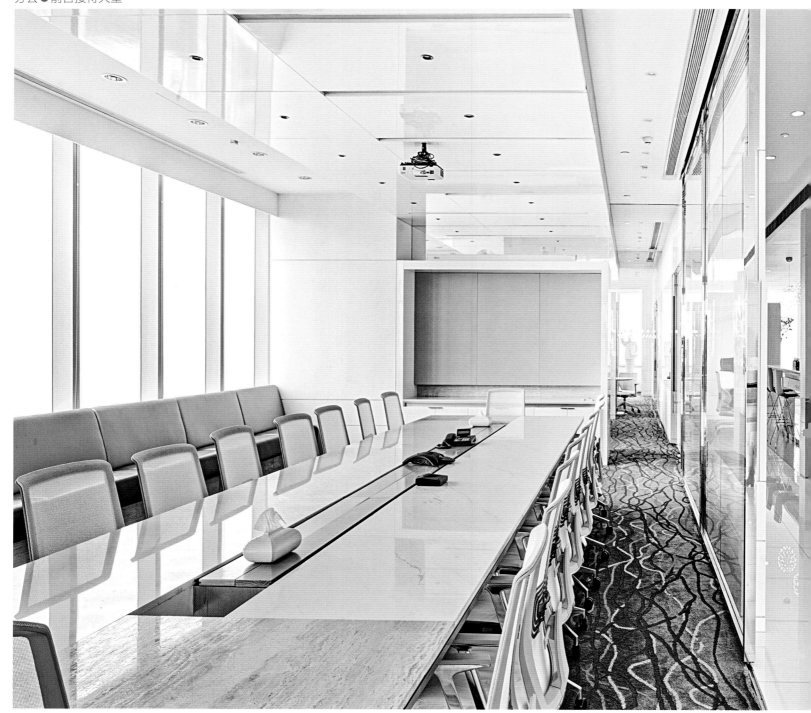

谷歌都柏林办公室

设计机构：Camenzind Evolution，Henry J. Lyons Architects
项目地址：爱尔兰都柏林
项目面积：约 47 000 平方米
摄　　影：Peter Würmli

谷歌都柏林—— 一个充满创新精神的新"校园"。

新"校园"四栋建筑位于都柏林历史上著名港口区的中心地带，拥有面积超过 47 000 平方米的独特办公空间。

本项目的总体规划理念是在喧嚣的市中心建造一个充满刺激感并且互动活跃的新"校园"。这不仅要求有创新型办公区，还必须与多种附加功能（包括 5 家餐厅、42 间微型厨房兼交流中心、娱乐室、健身房、游泳池、会议室、学习与发展中心、科技站等）完美结合。

为了实现这一理念，所有功能区的位置都被非常仔细和平衡地安排在各个建筑与楼层之间。此外，一个"桥"计划将使邻近的三栋建筑连接在一起，进一步促进建筑之间的人员流动。这些已成为谷歌办公理念的一部分——鼓励平衡、健康的工作环境，尽可能多地促进员工间的互动和沟通。

谷歌莫斯科办公室

设计机构：Camenzind Evolution
项目地址：俄罗斯莫斯科
项目面积：2 600 平方米
摄　　影：Peter Würmli

　　谷歌莫斯科办公室迎合本土认同和员工需求，全方位地展示出鼓舞人心的特性。其功能完善并且丰富多彩的工作环境，让人一走进去就能立刻感受到温馨热情、轻松专注、舒适而又不失严谨的工作氛围。

　　谷歌当地员工直接参与整个设计过程。这个办公室不仅体现了谷歌公司的全球理念，而且反映出本地员工的价值观念，同时展示出浓郁的文学气息和自然美，以彰显俄罗斯风情。

　　谷歌俄罗斯员工在歌颂国家文化的同时，也成就了本次室内设计。精雕细琢的红砖接待台映射出克里姆林宫的宏伟，充满趣味的电子游戏区和乒乓球室则是典型的谷歌风格。自助餐厅采用俄罗斯古典风格；主办公区明亮通风，视野开阔，可以观赏到景色秀丽的老莫斯科中心和克里姆林宫；会议室和非正式协作区域环绕并支撑整个工作空间；办公室的中心则是一间大型咖啡厅，供员工们休闲聊天。

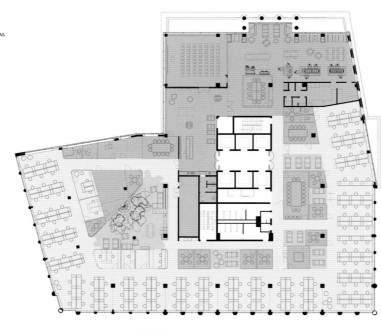

SPECIAL COMMUNAL AREAS
INFORMAL AREAS
MEETING AREAS
WORK AREAS

GOOGLE HOME MOSCOW
Balchug Plaza
Level 4

平面图

谷歌苏黎世办公室

设计机构：Camenzind Evolution
项目地址：瑞士苏黎世
项目面积：12 000 平方米
摄　　影：Peter Würmli

　　位于瑞士苏黎世的谷歌 EMEA 工程中心办公室，被设计师们打造为一个充满活力、令人振奋的工作空间。谷歌苏黎世员工（他们自称为 Zooglers）为了实现本土认同，亲身参与整个设计过程。在谷歌山景城国际房地产主管的指导下，整个建筑过程从一开始就是灵活互动并且透明开放的。Zooglers 成立了一个指导委员会，在整个项目中负责审查、质疑和批准设计方案。这种独特的参与模式实现了开放式合作，获得了独特的观点和思路，并且让全体苏黎世员工产生了归属感。

　　多样化的公共区域营造出或轻松舒适，或鼓舞人心的氛围，以满足不同的需求。公共区域被巧妙地分散在各处，以促进 7 个楼层间不同工作小组和团队的沟通。这个全新的苏黎世谷歌 EMEA 工程中心办公室，实现了个人工作空间的功能性和灵活性，兼顾公共区域的选择性和多样性，为全体谷歌苏黎世员工提供全面的工作支持，提升了其幸福感。

SPECIAL COMMUNAL AREAS
INFORMAL AREAS
MEETING AREAS
WORK AREAS

GOOGLE - EMEA ENGINEERING HUB
Zurich, Switzerland
Level 2

二层平面图

SPECIAL COMMUNAL AREAS
INFORMAL AREAS
MEETING AREAS
WORK AREAS

GOOGLE - EMEA ENGINEERING HUB
Zurich, Switzerland
Level 1

首层平面图

百利宏控股企业总部办公大楼

设计机构：UCS 秀城设计
设 计 师：陈 颖
参与设计：李 穗 陈广晖 吴明清 郭利华 陈腊梅
项目地址：广东惠州
项目面积：15 000 平方米
主要材料：建筑——紫彩麻、金丝缎、炭黑色氟碳漆铝材、
LOW-E 玻璃；室内——米黄云石、白麻石、Interface 地毯、
ABUS 办公高隔断、墙地瓷砖
摄 影：陈 中

　　百利宏控股企业总部办公大楼于 2010 年 10 月竣工并投入使用，是建筑、室内一体化设计之作。UCS 秀城设计在这个项目中提供的服务内容包括建筑设计、幕墙设计、夜景灯光设计、设备资源配备顾问、景观设计顾问、VI 导视顾问、室内设计等一系列完整服务。目前百利宏控股企业总部办公大楼已经成为惠阳中心区的地标建筑，成了当地企业总部办公建筑作品的经典之作。

联合利华沙夫豪森办事处

设计机构：Camenzind Evolution
项目地址：瑞士沙夫豪森
项目面积：2 350 平方米
摄　　影：Peter Würmli

　　当联合利华沙夫豪森办事处扩建为 2 350 平方米的办公场地时，新办公室的设计需要向外界传递其核心价值观。同时，公司还想推广标准的"灵活工作"模式，即在工作和员工的身心健康发展之间取得平衡。应用"灵活工作"模式的场地多种多样，有需要注意力高度集中的专注区、洽谈合作的交流区和主打社交的活跃区。交通枢纽区域也是视觉的中心，人们在这里可以很容易地找到自己想去的地方。开放的办公空间反映了相互信任和尊重的人际关系以及公平的工作环境。办公室内部"Unilever"的品牌商标无时无刻不在加强员工的归属感，它通过几种不同的方式进行传达，例如将绘有愿景和价值观的商标安置在显眼的地方，各种产品、品牌融入小会议室的设计中。安静区和活跃区则通过品牌和产品营造相应的氛围。

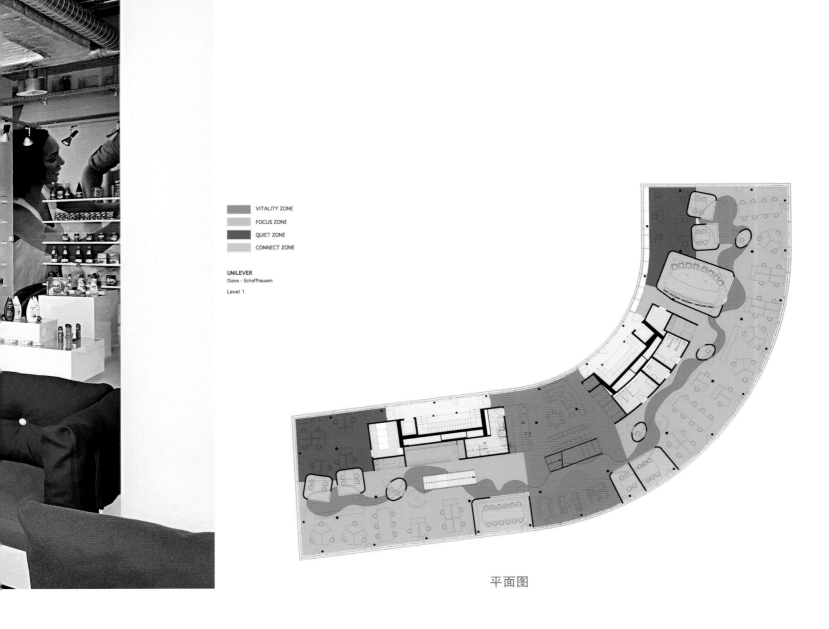

VITALITY ZONE
FOCUS ZONE
QUIET ZONE
CONNECT ZONE

UNILEVER
Diana - Schaffhausen

Level 1

平面图

中企绿色总部·广佛基地办公室

设计机构：广州共生形态工程设计有限公司
设 计 师：史鸿伟 彭 征
项目地址：广东佛山
项目面积：800 平方米
主要材料：大理石、复合实木地板、黑色镜面不锈钢

　　中企绿色总部·广佛基地位于广佛核心区域——佛山市南海区里水镇东部，总占地面积 30 万平方米，建筑面积 50 多万平方米。项目由生态型独栋写字楼、LOFT 办公室、公寓、五星级酒店、商务会所、休闲商业街等组成。

　　本案突出"Office Park"和"Business Casual"的设计理念，"面对面"的工作是一种提倡"沟通、交流和互动"的工作方式，并希望使用者有亲切的归属感，能够在一种轻松、愉悦的气氛下互动。

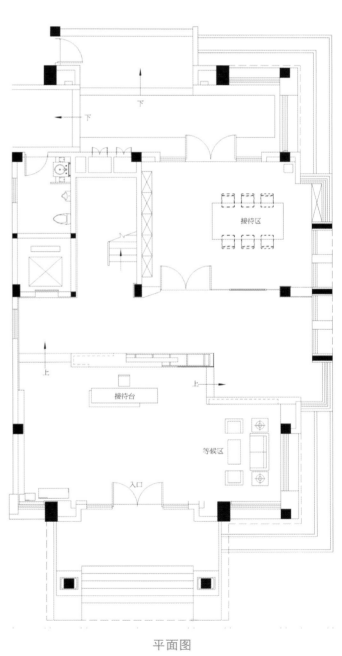

平面图

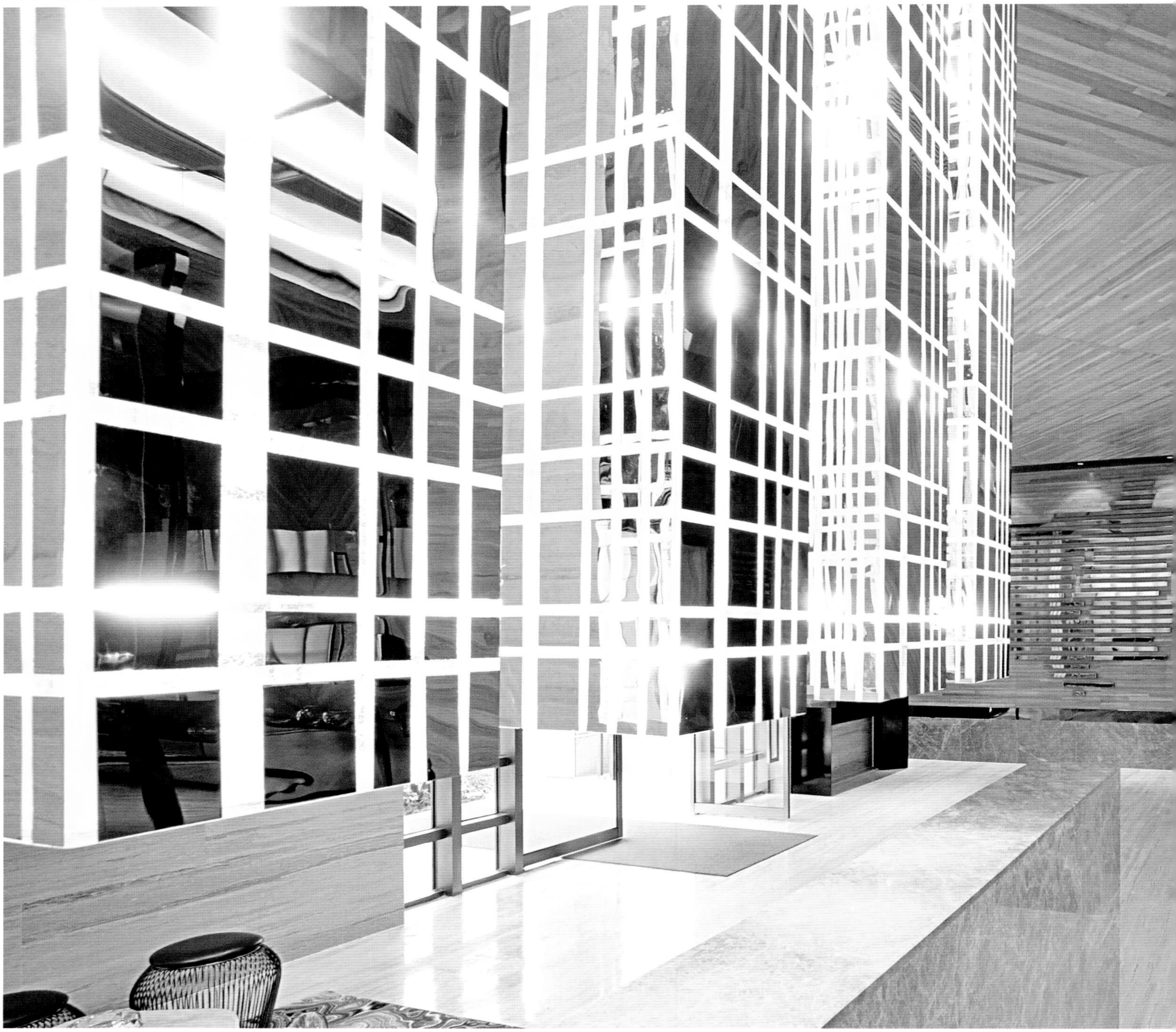

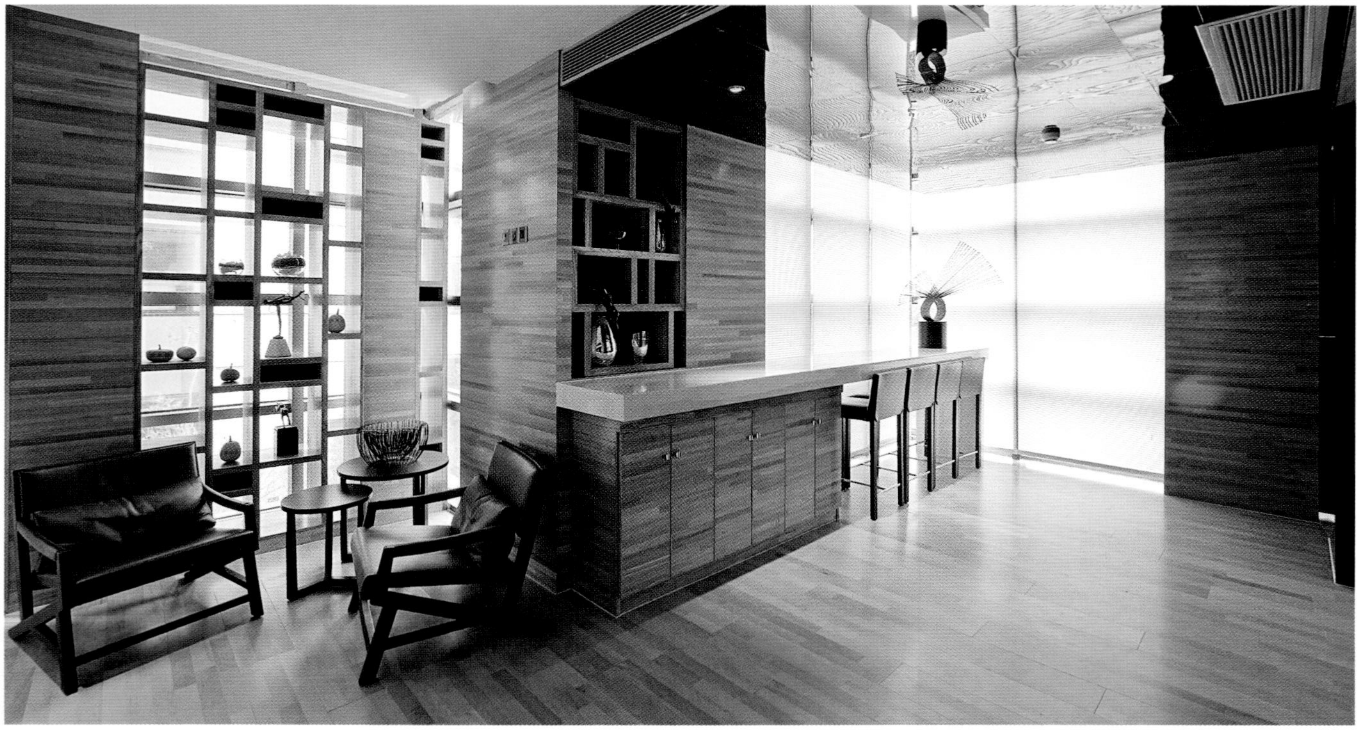

阿斯利康医药公司总部大厦

设计机构：dwp
项目面积：1 400 平方米
项目地址：泰国曼谷

　　为阿斯利康医药公司泰国总部做新址设计的是国际知名建筑与室内设计公司dwp。通过对阿斯利康众多国际分公司的深入研究，dwp 了解到这家全球领先的医药企业的核心原则是"健康关系你我他"。阿斯利康还致力于保健产品的研究，从而使它与医药产品相辅相成。

　　有力的品牌定位是必需的，所以设计师采用阿斯利康的经典三色调——紫色、黄色和紫罗兰色平衡白色背景色。为了形成社交氛围，接待厅的中心区为员工和访客保留了一大块空间。毗邻的会议室安装了开放式的旋转门。带有棱角的紫罗兰色前台设有梯形角度的玻璃背墙，方便自然光射入。前卫的白合金座椅配以嵌入地毯的金色装饰，与紫罗兰色前台相得益彰。开放式办公空间内摆放了一款精心设计的 A&Z 造型摆设品，象征该企业的商标。办公区可容纳 24 人，两套大沙发和咖啡桌椅分布其间。

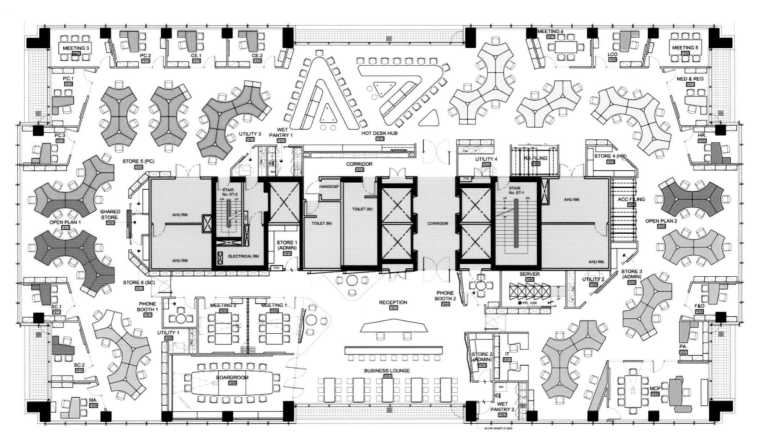

平面图

甲骨文北京办公室

设计机构：DPWT Design Ltd.
设 计 师：Arthur Chan
业　　主：Oracle（China）Software Systems Co., Ltd.
项目地址：北京
建筑面积：7 000 平方米
摄　　影：赵戈辉

　　甲骨文为了紧跟高速发展的企业现状，办公室也一直处在高速扩展中，所以 DPWT 在设计上与企业环环相扣。整个平面布局合理地利用空间，每一层的功能及使用性都根据全局进行细致划分。

　　为了迎合公司文化、功能和使用需求，18~20 楼以开放办公区为主，在 21 楼设有接待区、沙发会议区、多功能会议区、测试及视频播放区以及各种功能性办公室。

　　由于工作的特殊性需要，开放办公区运用了工作站的形式排布，流畅的交通、简洁的线条都是有效且成功的处理手法。

杰森校园

设计机构：Davide Macullo Architects
项目地址：瑞士 Oberriet
项目面积：3 300 平方米

　　这栋建筑通过采用高效能源和环保材料来提高使用者的生活质量，降低维护费用，例如利用热回收系统采集地下水进行供暖和制冷。这符合现有的迷你能源标准。

　　建筑的整体结构和顶端设计都遵循几何学，顶端的 4 个三角状设计不仅有内部功能性，更与周围的建筑风格协调呼应。就其本身而言，它的尖端和屋顶都体现了该项目的"game of planes"——顶端直上对视周围的工业建筑群，屋顶倾斜融入附近的居民区。

　　杰森校园在材料的使用和技术操作上有许多亮点，有些甚至是首次应用在建筑上。杰森自主生产的半结构外观就是这样一种新技术产品，它无须外部支持机制，也能达到建筑的连续性反光和透视性。为了建造倾斜屋顶，设计师还发明了混凝土浇灌表面植入纤维物质，这样就可以有效地保证水泥在倾倒的过程中凝固在屋顶的金属构架上，而不会直接滴落下来。

青年理想国

设计机构：KONTRA
设　计　师：Cem Demirtürk，Gülşah Cantaş，Pelin Peker，
Elif Baltaoğlu，Sedef Gülenler
客　　　户：Youth Republic
项目地址：土耳其伊斯坦布尔
项目面积：1 300 平方米
主要材料：环氧基树脂、油漆、刨花板、钢制品
摄　　　影：Onur Solak

在土耳其广告公司青年理想国选择了一个老旧的工作室作为新办公场所后，这个面积 1 300 平方米的陈旧空间便摇身一变，成了一个朝气蓬勃的现代化阁楼，为其 9 个部门的日常工作提供了新鲜的氛围。这栋阁楼坐落于伊斯坦布尔商业中心的右边，由著名的土耳其室内设计事务所 KONTRA 设计。

入口处的接待区是挑高 6 米的开阔空间和灰色金属墙面。这种成熟硬朗的材质充分传达出青年理想国的公司理念——年轻团队的内在实力。

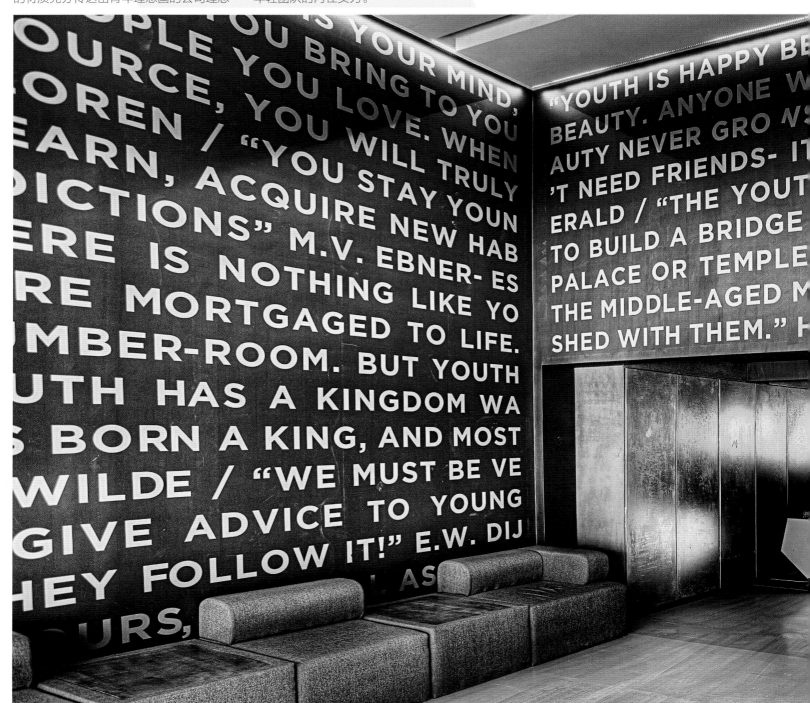

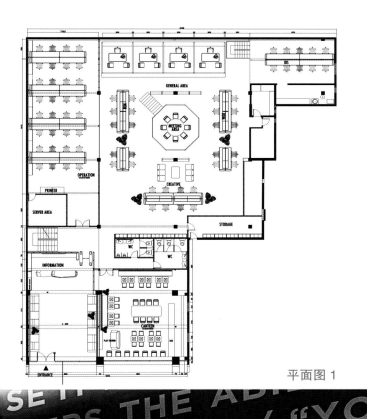

平面图 1

平面图 2

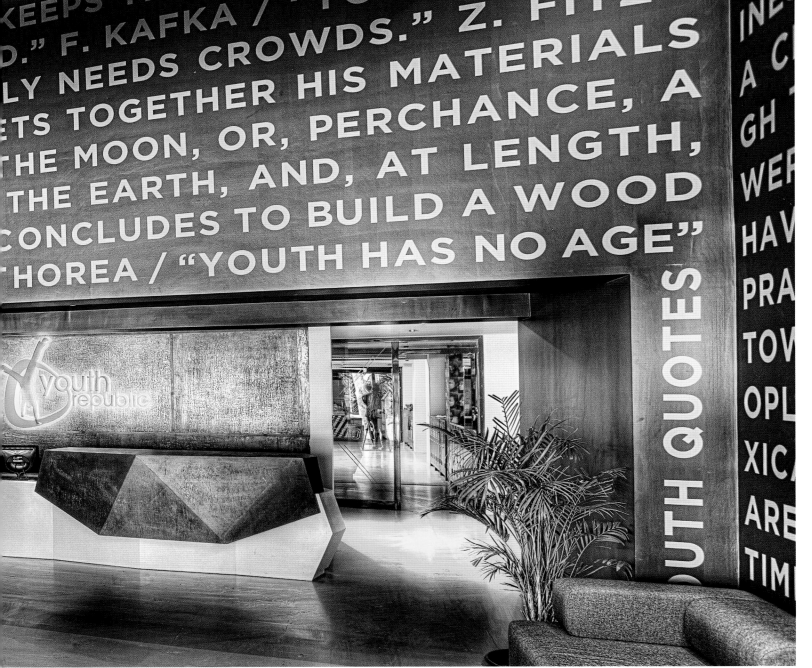

山西建信地产开发有限公司

设计机构：深圳市图人设计有限公司
项目地址：山西大同
项目面积：2 000 平方米

设计从某种程度上说，就是为了迎合人的一些原始习性，比如懒惰、怕麻烦、需要安全感，从而让做事情的过程变得更简单、更顺利、更享受。设计师总是能发掘出这种潜在的隐性需求，并且触动人们感官上的满足感。

由于建筑外观是竖线的组合，设计师将建筑外观的特点提炼，取其神韵，在空间内运用一些线形元素，通过这些美丽的线条，让人不禁回忆起建筑外观，唤起人们潜意识里的熟悉感，这种熟悉感，会让人觉得很安全。

淡淡的白色墙壁、柔和的浅咖色石材、朴实的造型、不刺眼的漫射光制造出恬静、淡然的氛围。这些精心搭配，会让人有一种放下警惕、轻松惬意的心情，人们会很自然地融入其中。这种舒适感，会触动孩童时期的点点记忆，一点点地滋润人们的心灵，让感觉回归原点。

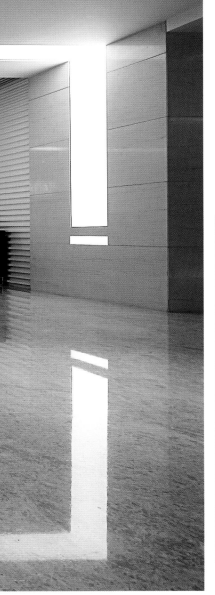

平面图

深圳正茂光电办公室

设 计 师：王五平
项目地址：广东深圳
设计面积：2 000 平方米
主要材料：红砖、环氧地坪漆、鹅卵石、多乐士乳胶漆、光纤灯、铝方通

　　粗犷的鹅卵石、原质的红砖墙、光洁的环氧地坪漆、裸露的天花管道，这一切无不在强调着本案的一个诉求：环保。有环保的设计理念且不失创意的思路，在本案中也彰显得淋漓尽致。

　　二楼是本案设计的重点，除了功能布局合理之外，在创新手法上也多变求新，如楼梯口和接洽区设计成两个圆形，构成一个"8"字，天花板与之呼应，这样一个抽象的"8"字在大厅中央，生动而意义深远。两边开放式的办公区，通过屏风隔断设计形成相对独立的空间，同时也弱化了旁边几根大柱子的视觉效果。

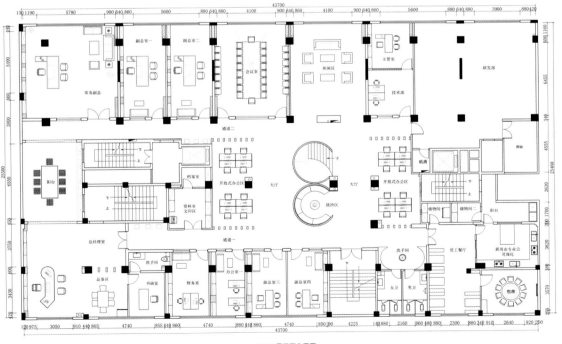

PLAN 二层平面布置图
SCALE 1:100

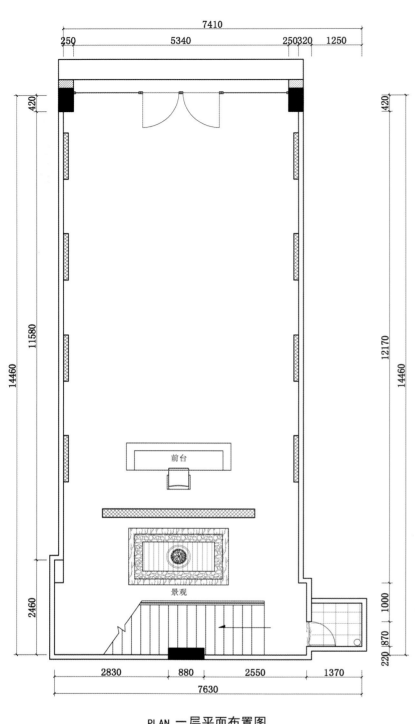

PLAN 一层平面布置图

SCALE 1:100

平面图中标注文字：前台、景观

东莞·虎门实业集团办公室

设计机构：KSL 设计事务所
设 计 师：林冠成　温旭武　马诲泽
项目地址：广东东莞
项目面积：2 500 平方米
主要材料：灰橡木、灰木纹大理石、黑麻石、皮革、墙纸、黑钢、夹丝玻璃
摄　　　影：井旭峰

　　KSL 是环境的造梦者，也是室内空间的圆梦者。业主要求创造出不像办公室又是办公室的一个充满活力与激情且不失温馨的办公环境。KSL 设计团队从平面构成到空间气氛渲染，从皮革、黑钢、木纹石、灰橡木这些主材的相互融合到每款家具、每一束灯光的选用、布置，都经过精心考量。KSL 所肩负的不仅是一项设计任务，更是圆业主的梦！

注:云线部分为变更部分

STOREY   PLAN
屋顶层平面布置图 SCALE 1:100

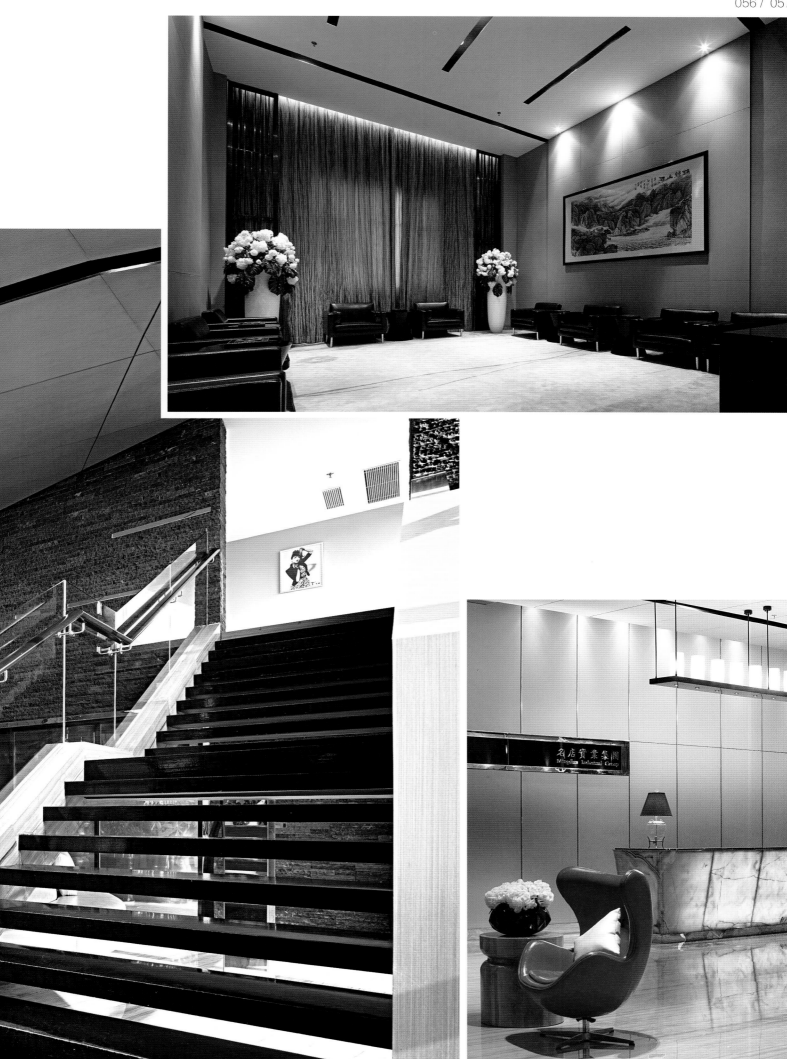

深圳市东方博雅科技有限公司办公室

设计机构：深圳市华贝设计顾问有限公司
设 计 师：邢新华
项目地址：广东深圳
项目面积：3 000 平方米

　　本案结合了传统风格与现代风格，将不同的元素重新进行了精心整合，干净整洁的线条贯穿空间始终。设计上的独到之处体现在大场景下的整体视觉感，同时力求突出舒适性。

　　本案设计定位于具有现代理念的企业，开放式的办公环境体现了良好的企业精神，对于使用者而言，这样的格局设计能够有效地促进同事之间的相互沟通和探讨，这也正是企业所追求的软文化的体验。同时，为了使集中的办公区域不至于显得凌乱，线条感的营造尤为重要，为此，设计师首先在色彩上凸显出了现代干净的设计视觉效果。黑白的整体色彩搭配自然且饱满，充分体现了一种开阔、舒适的空间感。这也正是企业所需要的。准确的定位和人性化的设计是空间的品质保证。

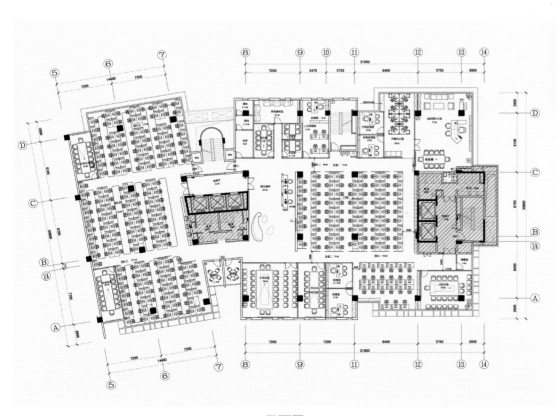

平面图

BADOO 开发部办公室

设计机构：Za Bor 建筑事务所
设 计 师：Peter Zaytsev，Arseniy Borisenko
项目地址：俄罗斯莫斯科
项目面积：1 100 平方米
摄　　影：Peter Zaytsev

　　BADOO 莫斯科办公室云集了众多年轻的天才程序员，负责改进和开发 badoo.com——世界上最受欢迎的社交网站之一。这间办公室是专为网站开发人员提供的，强调技术职能而非管理职能。办公室位于莫斯科最奢华的商业中心——the Legend of Tsvetnoy，地处著名的 Tsvetnoy 大道中心地带。

　　会议室成了这间办公室绝对的特色，每一间都值得特别关注。鉴于 BADOO 是一个社交网站，设计师们并没有对会议室进行简单的编号，而是应客户要求，将其命名为人们经常约会的地方。于是，BADOO 成了整个俄罗斯大概唯一一家拥有"酒吧"的公司。名为"夜店"的会议室，装饰着 40 幅海报，把每一面墙都贴得满满的；这里还有"电影院"，这个名字本身就说明了一切；当然还有最奇特的约会圣地——"图书馆"，可是这间图书馆并没有书架和书柜，而是把磁性材料涂在书本和墙上，将所有的书都直接挂在墙上。

平面图

YANDEX 敖德萨办公室

设计机构：Za Bor 建筑事务所
设　计　师：Arseniy Borisenko，Peter Zaytsev
项目地址：乌克兰敖德萨
项目面积：1 760 平方米
摄　　　影：Peter Zaytsev

　　俄罗斯 IT 公司 YANDEX 启用了在乌克兰敖德萨市的新办公室，位于"Morskoy-2"商业中心 8 楼。办公室总面积 1 760 平方米，共划分为 122 间工作室，每一间都装有专门定制的亮光板。接近中庭的空间用作对光线没特殊要求的会议室、报告厅和其他不定期使用的办公场所。办公区域为开放性空间，设在靠窗位置，这些窗户正对着美丽的黑海以及风景如画的敖德萨港。

　　Za Bor 事务所的 Peter Zaytsev 和 Arseniy Borisenko 对于这次设计理念的评价是："我们的目标是建造一间具有代表性的办公室，它必须是非同寻常的并且令人难忘的。敖德萨是一座海滨城市，因此我们将海滨主题非常柔和地融入装潢中，例如帆形的柔光罩、覆盖着黄铜的墙壁让我们联想到生锈的船体或者蒸汽船的锅炉，还有看起来很像照明灯的大型圆镜，而白色的流线型花盆，则跟现代的游艇或潜艇非常类似。"

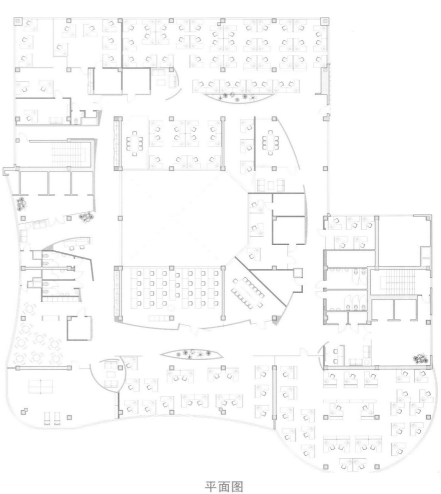

平面图

YANDEX 圣彼得堡办公室 II

设计机构: Za Bor 建筑事务所
设 计 师: Arseniy Borisenko, Peter Zaytsev
项目地址: 俄罗斯圣彼得堡
项目面积: 3 310 平方米
摄　　影: Peter Zaytsev

　　YANDEX 圣彼得堡办公室 II 几乎是之前那间的两倍大,坐拥 Benois 商业大楼的整个 4 层,走廊长度达到 200 米。但是大并不是重点,重点是客户想要把这间办公室打造成独一无二的超凡办公室。因此设计师至少面临两个挑战: 一、沿着中央走廊轴,将整个非常复杂的空间合理地组织起来;二、使办公室具有可观赏性并且令人印象深刻。

　　负责这个项目的两位设计师 Peter Zaytsev 和 Arseniy Borisenko 经过深思熟虑之后,决定采用双向定位分区,沿着走廊设立会议室、办公区和一些不同寻常的物体。走进办公室,仿佛置身于 YANDEX 搜索引擎中:在接待台可以看到熟悉的"搜索"按钮以及一个黄色箭头(YANDEX 非官方 Logo,也是网站中的重要组成元素);穿过走廊时,熟悉的用户名和邮箱密码输入框映入眼帘,每走一步都会遇到 YANDEX 标志或代表性图标。

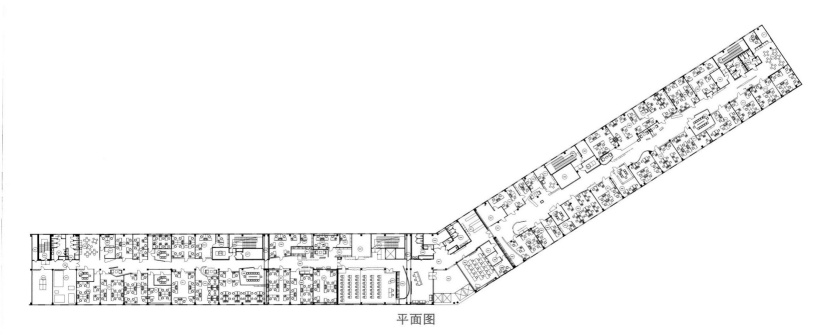

平面图

YANDEX叶卡捷琳堡办公室

设计机构：Za Bor 建筑事务所
设 计 师：Arseniy Borisenko，Peter Zaytsev
项目地址：俄罗斯叶卡捷琳堡
项目面积：720 平方米
摄　　影：Peter Zaytsev

　　这次项目的主要目标是创建人性化的便捷工作场所和休闲区域，激发员工的工作热情，加快工作进程。为此，必须对整个空间进行高效的分区规划。为了达到舒适的效果，办公室采用了天然的装修材料，如木材。工作室配备的都是符合人体工程学的办公设备，由赫尔曼·米勒公司提供。

　　作为大厅的核心元素，接待台由玻璃和橡木构成，走廊里几乎所有的斜三角面使用的都是同一种材料。利用薄薄的金属剖面拼接结构和倾斜的玻璃屏风将办公室分割为特定的区域。斜三角面设计使几乎笔直的走廊也能隔出只容纳两到三个人的会议格子间。走廊的天花板相当低（3.6 米），但通过将通信设备漆成深黑色，使其在视觉上得到了抬升。这不仅节约了建筑成本，也大大简化了供暖、通风和消防系统的保养流程。

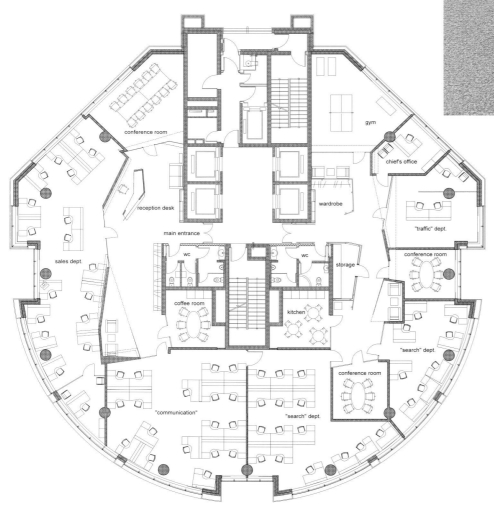

平面图

AEROEXPRESS 公司办公室

设计机构：Arch Group
设 计 师：Alexey Goryainov，Michael Krymov
项目地址：俄罗斯莫斯科
摄　　影：Arch Group

　　AEROEXPRESS 公司的新办公室不仅为大幅增加的员工提供了一个舒适的工作环境，同时也体现出公司充满活力和富有创新精神。

　　这间办公室占用了谢列梅捷耶夫国际机场火车站站台的一半区域。在建设办公室的同时，其他配套设施也需要重建，用于出租的小型办公室被隔开，新建了一家自助餐厅。

　　沿着单轴线，这间办公室被划分为四个区域。

　　接待区位于办公室入口，鲜艳的红色地毯在延伸至工作区时渐变成柔和的灰色，嵌着红色条纹。

　　办公区就在接待台的后面，经理办公室沿着走廊的左右两侧一字排开。

　　开放空间区容纳了公司的大部分员工，纵深达到近 60 米，采用定制的吸顶灯提供照明。

　　调度中心位于主工作区后面，一面镶有公司 Logo 的弧形玻璃将办公室与 AEROEXPRESS 公共调度中心（CDC）隔开，四面八方的来往列车都在这里调度中转。CDC 成为了办公室的核心，也是最令人印象深刻的区域。

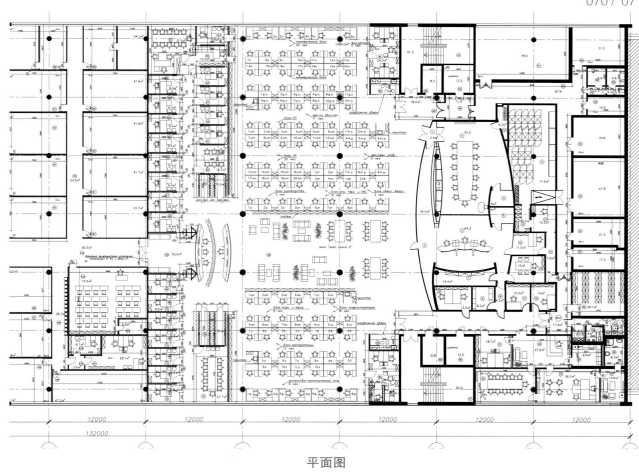

平面图

WESTING 办公室

设计机构：Dariel Studio
设 计 师：Thomas Dariel
项目地址：上海
项目面积：约 2 500 平方米
主要材料：木地板、木饰面、皮革、玻璃、地毯、软膜天花
摄　　影：Derryck Menere

　　WESTING 办公室是一幢位于张江高科技园区的全新的三层办公楼，Dariel
Studio 将其室内空间进行了完全的结构重塑和全新设计。

　　WESTING 是一家中国企业，致力于为国际客户提供工业电气产品和技术解
决方案。他们将这座全新的办公楼作为公司总部，并找到 Dariel Studio，希望其
能根据 WESTING 公司高标准的定位和需求，结合公司本身的工业性质特点，将
这个面积约为 2 500 平方米的空间设计成一个现代、和谐、大气的办公场所。

　　"我尝试着通过设计，平衡人们常感觉到的过重的工业气息，达到一种优雅、
纯净并愉悦的办公氛围。"设计师 Thomas Dariel 如是说。

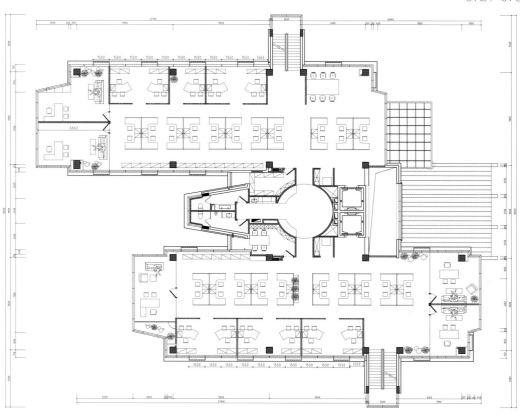

平面图 1

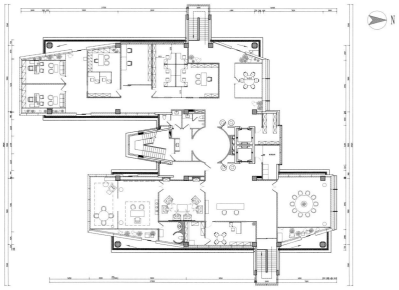

平面图 2

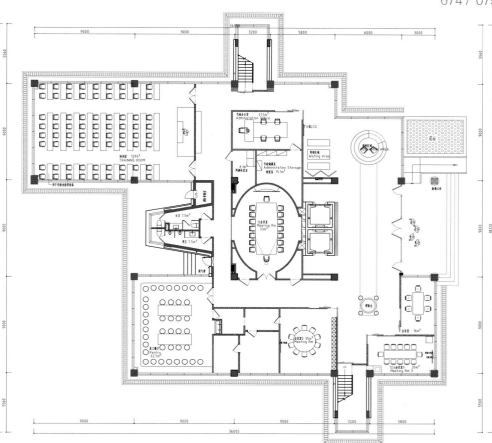

平面图 3

深圳 · 粤华投资集团办公室

设计团队：KSL 设计团队
设 计 师：林冠成 温旭武 马诲泽
项目地址：广东深圳
项目面积：1 500 平方米
主要材料：非洲胡桃木、地毯、皮革

　　并非纯粹地为了设计而设计，KSL 以平衡商业性质和环境为基础，重新构造了空间与人之间的关系，设计师赋予空间以灵魂，使之既灵动又刚毅。而在手法上，构造了一个建筑中的建筑，线条凌厉，灯光层次丰富。大理石、地毯、皮革与木材等材料交相辉映，让气氛更显温馨。商业洽淡之余，人们还能享受环境所带来的愉悦。

波龙艺术有限公司办公室

设计机构：玄武设计
设 计 师：黄书恒 许棕宣 陈昭月
项目地址：中国台湾台北
项目面积：245 平方米
主要材料：波龙地毯、壁纸、玻璃隔断
摄　　影：王基守

　　面对办公空间的设计方案，玄武设计的设计师着力将品牌特色贯彻于空间设计。如"波龙艺术"以现代感与自然风格闻名于业界，利用独家技术呈现繁复纹理而不显累赘，让使用者借由色彩与线条的轻舞，徜徉于真实与虚构之间，这种若有似无、如真似幻的企业内蕴，便成为设计者规划波龙艺术办公室的出发点。

　　玄武设计使用白色作为墙面与天花板的基调，以明亮与轻盈感浸润访客的感官。不停旋绕于空间的白色线条，犹如白色的涡流，让访客随其步伐旋入艺术幻境。白色是每种颜色的起源，适宜作为办公室的统一色调，以此隐喻工作者创意的沃土；同时，白色背景也让产品的摆置效果倍增，多姿多彩的织锦样品整齐陈列，俨然成为一座独立艺术品殿堂。大地色调的织毯铺满洽谈空间，与墙面摆置的横向地毯互相呼应，给访客以脚踏实地的实在感受。走近主要办公区，可看见设计者选用蓝色玻璃分隔内外空间，门厅的大片纯白和连接主要办公区的铁灰，维持与访客商谈的轻松感，也无损工作者应有的严谨气质。

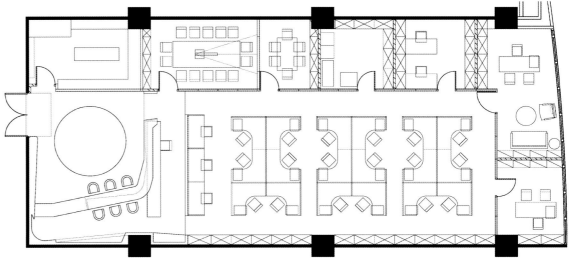

平面图

爱立信香港区办公室

设计机构：DPWT Design Ltd.
设 计 师：陈轩明 吴永利 伍蔼贤
客　　户：爱立信有限公司
项目地址：香港
项目面积：3 000 平方米
主要材料：枫木地板 / 壁板、炭色地毯、铝、不锈钢、暖色调纺织品 / 照明灯
摄　　影：陈志威

　　"工作场所设计"的概念是一个战略的模式，它不仅是一个品牌的重要因素，以灵活性和成本效益去适应市场需求，同时它也是一个工具，加强品牌在更广泛的基础上维持一个较崇高的设计形象。

　　爱立信香港区办公室通过设计和室内陈设示范了这种理念，实现一个开扬的感觉，提供了人性化的环境、优质的设计和材料的显示。

TERRA 奥斯陆办公室

设计机构：Scenario 室内设计事务所
客　　户：TERRA 集团
项目地址：挪威奥斯陆
摄　　影：Gatis Rozenfelds/F64

设计的灵感是显而易见的："TERRA"意为地球，也是颜色和材料的色彩托盘。设计师受 Erik Frandsen 的艺术作品——丰富多彩的霓虹灯启发，在项目开始时，它们就被按顺序排列并保持有序的色调，为建筑带来更强烈的色彩感受。特别是在会议区间，大厅中利用褪色玻璃的缝隙来反射霓虹灯的彩色灯光，这在彩色玻璃和黑暗之间创造出一种有趣的对比色。

前台使用了 TERRA 特有的"黑色钻石"。柜台上以不同角度设置的磨砂铝黑色镜面成为焦点。

建筑师和承包商与客户密切合作，完成了房间的细节设计、特殊设计以及主要线条的设计，建造出功能性强大的现代办公场所。

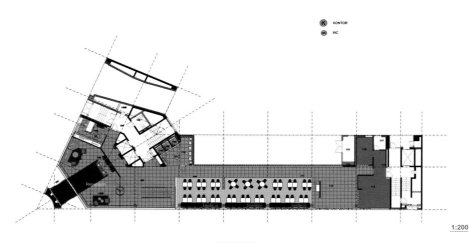

平面图 1

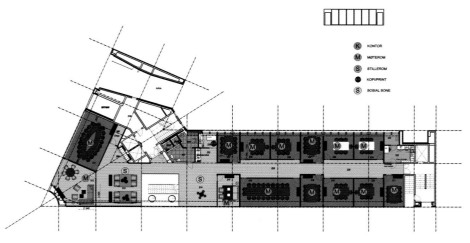

平面图 2

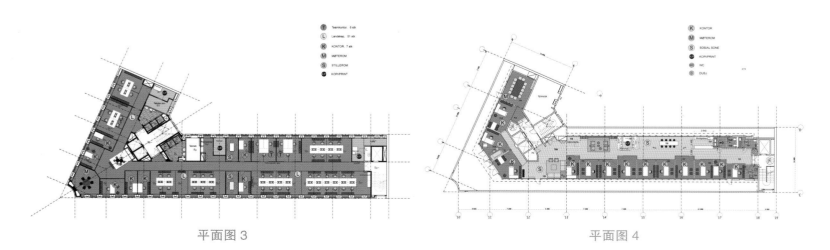

平面图 3

平面图 4

拾雅客设计总部

设计机构：台北拾雅客空间设计
设 计 师：许炜杰（Janus）
项目地址：中国台湾新北
项目面积：约 224 平方米
主要材料：黄铜、葡萄牙软木、松木、黑铁、钢筋、混凝土、
备长炭、卵石、比利时地板、文化石、铁杉炭烤木、胡桃木皮、
剥皮白杨木、藤、岩石、欧洲白橡、玻璃

　　Janus 根据居住者的生活特质，透过动线安排，材质、家具、软件的定制化，形成专属的风格特色。将穿透、层次、延伸、持续性、对比、比例及对外联结的互动关系，通过 Janus 设计的统合，使空间本身的价值被放大，也更多元化、更积极、更充实。

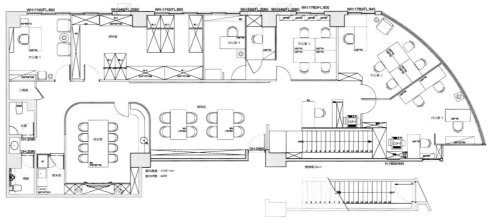

平面图

克里德办公室

设计机构：演拓空间室内设计
项目地址：中国台湾台北
项目面积：710 平方米
主要材料：大理石、抛光砖、木纹 PVC、人工草皮、烤漆玻璃、
人造石、毛丝面不锈钢、皮革、地毯、茶镜
摄　　影：游宏祥

　　本案的设计主轴以云的意象为主，将其具体表现于整体的办公空间，
使其拥有单纯温润的色彩基调；满铺的波斯地毯透过光的洗礼，散发出内
敛沉稳的气息；通透开阔的会议区，第一时间奠定了足以延伸视野的开放
感，再随着云的流动转向下一个区域。

　　公共休憩区域背墙以人工草皮铺陈，为繁忙工作带来一丝自然的宁静。

　　创造开放而有弹性的空间，搭配适宜的动线，增加人与人之间的互动，
打造一处真正 LOHAS 的工作区域。

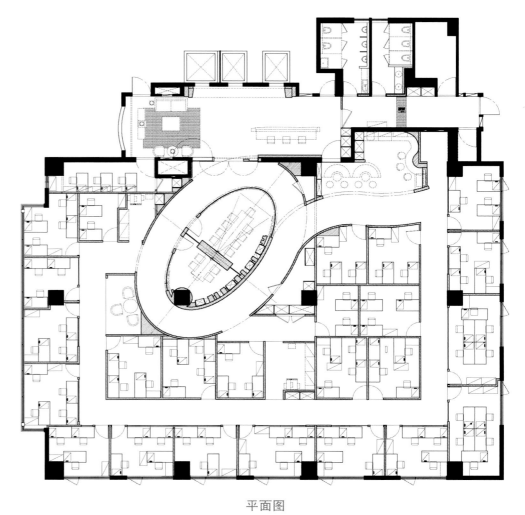

平面图

成都复地复城国际 T4 608

设计机构：矩阵纵横设计团队
项目地址：四川成都
项目面积：55 平方米
主要材料：柚木地板、瓦片、黑镜、灰麻石、白色油漆、原木等

　　按户型合理筹划私密空间和休闲空间，在功能上更注重休闲空间的比例分配，由此体现出此户型主人拥有一定社会阅历及地位，对精致生活高度追求，是一位注重精神享受的社会成功人士。质朴无华的装饰、沉稳大气的色调，编织出浓厚的传统韵味。复古的木制吊灯充满浓厚的东方气息，古朴中又融合了简约之美，营造出新东方气质。

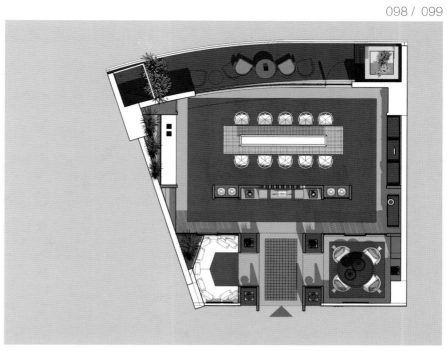

T4 标准样板层 608 样板间平面布置图

易趣办公室

设计机构：OSO 设计事务所
设 计 师：Okan Bayık，Serhan Bayık，Ozan Bayık
客　　户：易 趣
项目地址：土耳其伊斯坦布尔
项目面积：2 000 平方米
摄　　影：Gürkan Akay

　　在现代办公室变化发展的全球趋势下，伊斯坦布尔的易趣办公室被设计为一个开放性办公场所。因此，办公室内部区域可以分为四个区域：门口大厅和公共设施区、开放式办公室、会议室、技术与服务区。

　　门口大厅作为视觉冲击的第一站，被设计成令人印象深刻的热情接待区。这种热情的感觉被天然的木质天花板、地板和接待台加强了。顶上架棚的半穿透性设计与门厅后的社交区在视觉上形成联系。入口左边是体现易趣全球化的地图，而那一抹红则提醒你这里是土耳其的易趣。

　　除了会议室，公共设施区是能直接被访客看到的区域，所以用它作为接待来宾和员工活动的场地。它也配备有咖啡吧、图书室、在线影院、电视和娱乐设备等。

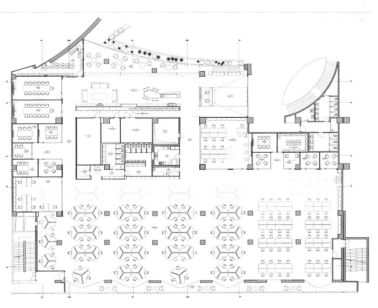

平面图 1

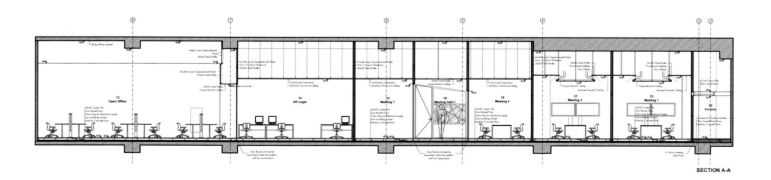

平面图 2

智威汤逊

设计团队：Bernardo Vanegas，Laura Rosso，Ignacio Arciniegas，Catalina Vázquez，William Rengifo
客　　户：智威汤逊
项目地址：哥伦比亚波哥大
项目面积：2 200 平方米
摄　　影：Juan Fernando Castro

　　设计师将智威汤逊的办公场所建成了一个小型虚拟城镇，其灵感来源于城市建设规划。中央广场、主干道、十字路等一应俱全。纵横交错的"街道"是交流通信的主要路径，大部分时间都是畅通无阻的。复印机室、咖啡屋和正式会议厅的特殊设计可以提高人员的流动性，改善日常工作效率。这一构想源于对顾客需求的充分了解。

　　另一面，办公室的整体设计则可以用高雅、有个性和独特来概括。为了响应跨国公司的政策条例，即将当地文化融入公司设计，设计师将本地最具代表性的文化元素重新创新，塑造出一个哥伦比亚新城。

　　除了作为地标的楼梯，色调和材质的选择标准是不采用纯色或纯材质，而是以哥伦比亚最具代表性的自然界色彩纹路为主，例如砖块、竹子、皮革、原木、粗麻布纹理、手绘水泥瓷砖等。这些自然物能为呆板的办公设施注入生命活力。

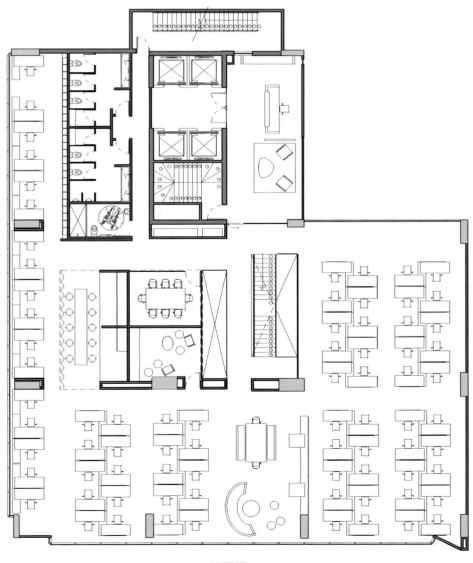

平面图 1

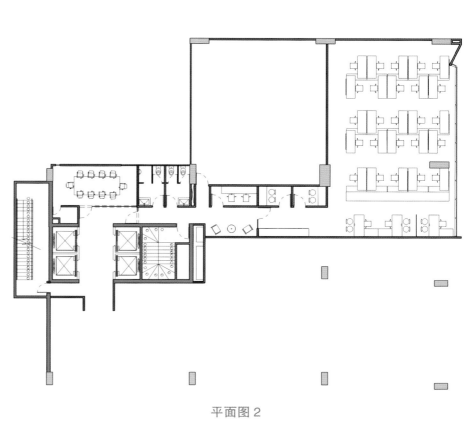

平面图 2

PAGA TODO办公室

设 计 师：Gabriel Salazar y Fernando Castañón
项目地址：墨西哥墨西哥城
项目面积：2 000 平方米
摄　　影：Héctor Armando Herrera

　　空间往往是决定室内设计的主要因素。PAGA TODO 的新办公室之所以那么具有挑战性，是因为它既要考虑到客户的需求，又要自然融入其所在的商业中心。

　　根据周围布局，一个巨大的内嵌式木质包厢被打造成接待各路来宾的设施，其内部设有接待台、服务区和洽谈室。能俯瞰商业区全景的顶部，则作为接待商户的私人特色区域。

　　餐厅提供了令人欣喜的齐全设施和周到服务，例如电视机、电脑和小吃、冰饮供给等，这些都是应客户的要求——在办公点设置一个休闲风格的区域。

　　连接上层的楼梯蜿蜒而上且留有透光口，这种设计不仅能充分利用吊灯的光线，还能方便楼层间的同事交流。空间的色彩基调按客户要求选用了淡雅、平和的白色和米色，并利用青绿色和橡木色家具及木工工艺做对比，将前者睿智、冷静的氛围渲染开来。

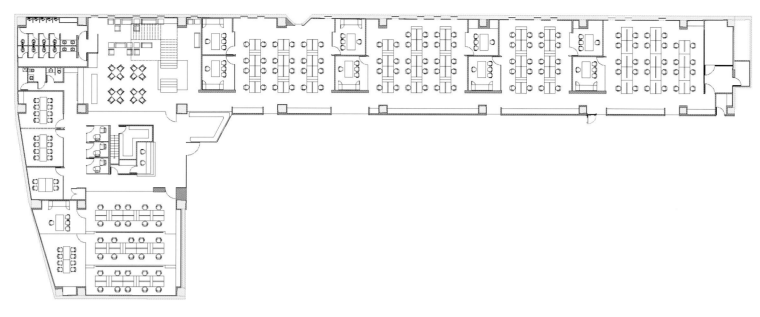

平面图

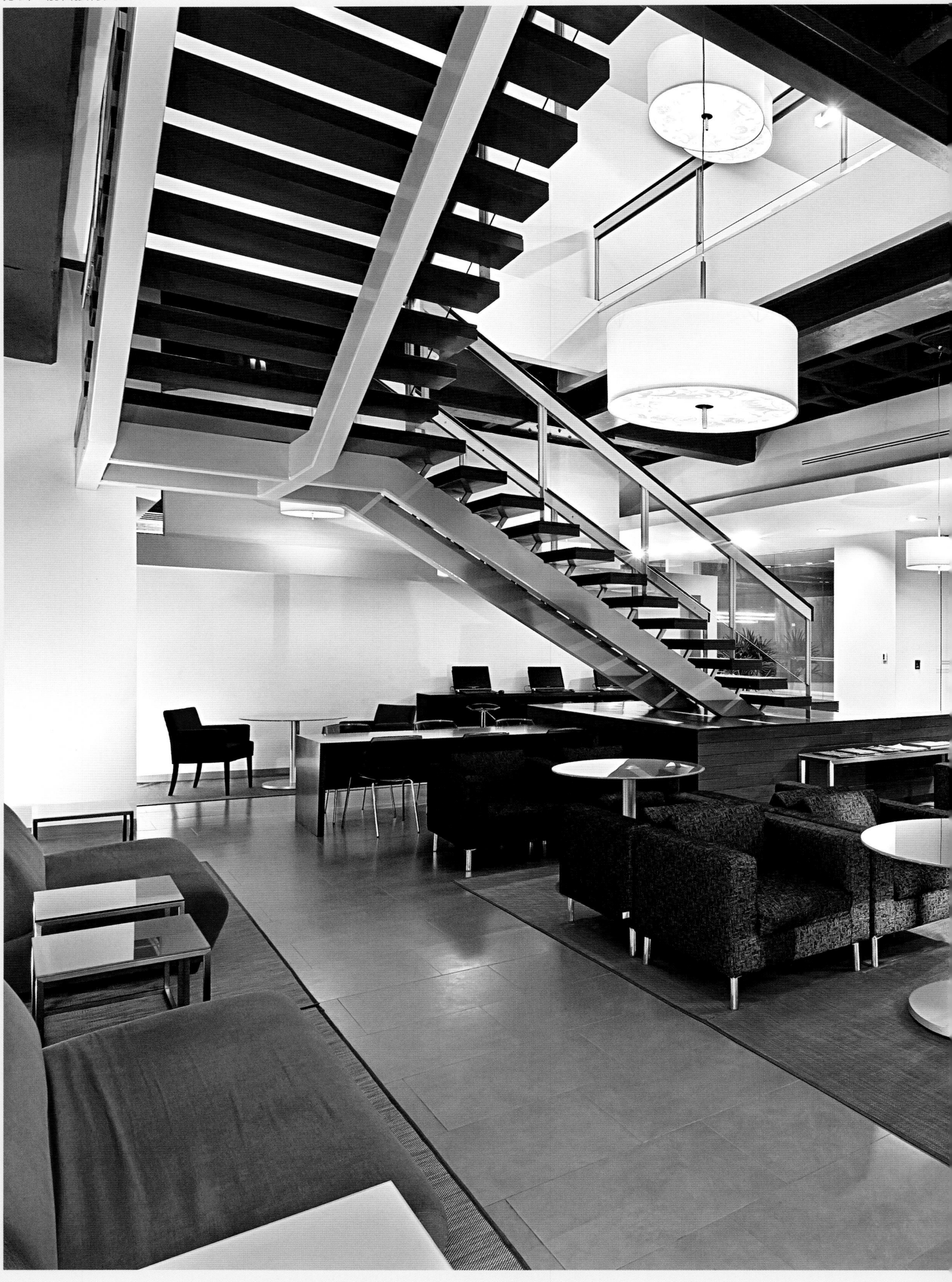

POLYFORUM SIQUEIROS 美术馆

设计机构：BNKR Arquitectura
设 计 师：Esteban Suarez，Sebastian Suarez
项目地址：墨西哥墨西哥城
项目面积：680 平方米
摄　　影：Jaime Navarro

　　设计师对 POLYFORUM SIQUEIROS 美术馆的设计构想不是进行整体改造，而是在美术馆原有设计的基础上做些改动。首先便是用耀眼的白色环氧地板替换覆盖整个地面和楼梯的老式工业地毯。粗糙颗粒状肌理的墙面也换成了光滑的白色。悬吊在天花板的同心环只保留两个。曾经是原木形态的天花板、长椅和楼梯进行了喷砂和粉刷，将内外隔开的透明玻璃墙也进行了半透明磨砂处理，这样可以有效地防止外部环境分散参观者的注意力。

　　椭圆形的接待台是唯一进行重新设计的部分。它的形状不仅强调了环状美术馆的流动性，更像路标一样将参观者引向展厅，而它热情似火的亮红色不仅与安静柔和的展览区形成强烈的视觉碰撞，也体现了壁画家 Siqueiros 的激情与活力。

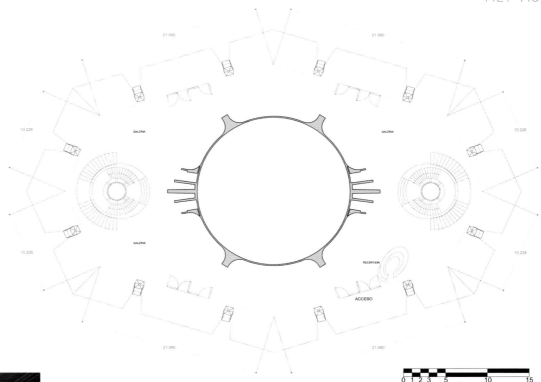

平面图

微软维也纳总部

设计机构：INNOCAD Architektur ZT GmbH
项目地址：奥地利维也纳
项目面积：4 500 平方米
摄　　影：Paul Ott

　　对维也纳4 500平方米的微软总部所进行的空间改造不仅体现了其"了解才能更好地服务员工"的理念，而且在设计上更进一步：打破原有封闭的员工区并用透明材料代替原有隔断。横穿整座大楼的建筑主线和多功能的家具不仅构成了楼层的支架，也为许多功能性的布置提供了便利条件。最具灵活性的莫过于会议室的设施，每个员工都可以根据自己的喜好和心情布置环境。

　　所有人流量大和使用频率高的区域，例如走廊和休息室，都被特意设计成动态的模式。条纹状地板和楼层间的快速斜坡通道都体现动态变化。各个楼层间的绿色墙壁既能营造生机盎然的氛围，又能对工作情绪产生积极的影响。按照光学理念来说，照明源越少越好，所以线性光的均匀照明形成了静谧的气氛，会议室的不同布置也直接或间接地被各种灯源加强了。

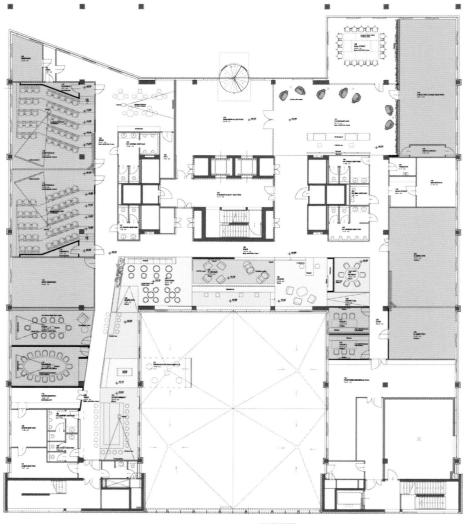

平面图1

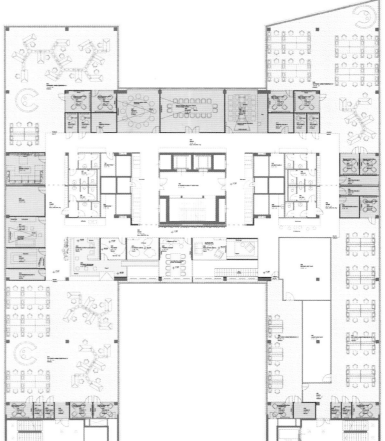

平面图 2

平面图 3

ENECO公司总部大楼

设计机构：Hofman Dujardin Architects
项目地址：荷兰鹿特丹
项目面积：25 000 平方米
摄　　影：Matthijs van Roon

　　围绕着作为建筑中心的中庭，设计师设计了接待台、会议室、员工休息室、餐厅和会堂等。建筑南面和顶部都装有太阳能板。

　　工作区和会议区都被设计成漂浮在白色海洋（楼层）上的多彩小岛。一楼是热情的红、紫、橙，二楼则是睿智的绿、蓝阴影色。这些色彩的应用不仅定义了各个房间，也为员工的积极工作营造了氛围。门廊里的大理石接待台，使访客仿佛置身于五星级宾馆。位于中心区的意式咖啡吧并没有被设计成多彩的空间，而是用金色橡木地板和桌椅营造成一个舒适温馨的休闲区。

　　一楼的会议"小岛"摆放的是各种高雅的暖色地毯和椅子，并用冷色橡木桌与其形成色彩碰撞。同在一楼的餐馆则用色调昏暗的地板和长椅来衬托美食的诱人色泽。用餐者可以在这样一种静谧的氛围里欣赏美食的制作。

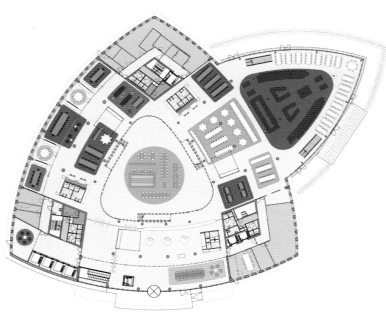

平面图 1

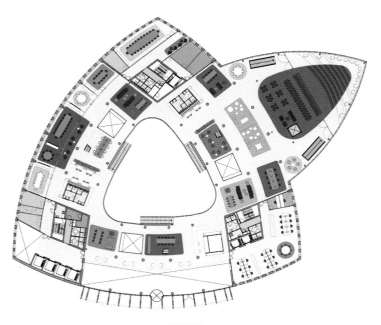

平面图 2

塔丽唯尔巴黎总部

设计机构：dan pearlman Markenarchitektur GmbH
设 计 师：Volker Katschinski
客　　户：Tally Weijl Trading AG
项目地址：法国巴黎
摄　　影：diephotodesigner.de

　　Totally Tally 是瑞士知名品牌塔丽唯尔的自我品牌意识。设计师将其扩大为 Totally Glamour, Total Fun 和 Totally Sexy，并将此性格特征应用在巴黎的公司设计上，其目的就是为了让建筑设计体现其生活态度。

　　Totally Glamour 这一点在总公司的每个设计细节上都得以体现：镜面马赛克区域、光影区和高抛光表面都为塔丽唯尔店面营造了狂野的气氛。Totally Sexy 是被认真设计的一点，例如镜像表面和平面屏幕安装。塔丽的专属粉红色和野性的材料使得性感热力四射。不仅如此，设计师还将 Total Fun 融入餐厅设计中来，高清屏幕提供娱乐的同时，开放式的建筑也带来轻松的氛围。

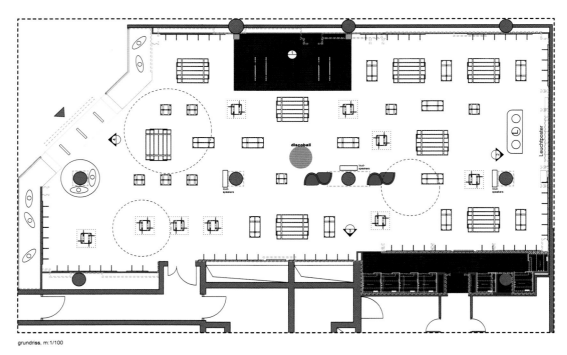

grundriss, m:1/100

平面图

RIVET 客户营销机构

设计机构：Bartlett & Associates
项目地址：加拿大多伦多
摄　　影：Tom Arban

　　热情的红色最能代表客户关系管理（CRM）营销机构的本质。RIVET 迁到了一个具有历史意义的库房场地，那里曾经是一个大型电灯泡工厂。室内接待区的吊灯灯光将入口划分开来，使得视线可以毫无阻碍地落在董事长办公室的玻璃墙上。超大的窗户也能为房间的每个角落提供充足的日光。这种依据开放理念设计的空间是为了鼓励员工更好地互动与合作。

　　接待台后侧的员工休息室处于整个机构的中心区，而且深受员工欢迎。其顶部是一个直径 1.5 米的巨大红色鼓状灯，灯下是舒适的躺椅。润泽的黄色砖墙和光滑的木质地板交相辉映。会议室采用高贵宁静的白色，这使得扩音屋顶更加显眼。

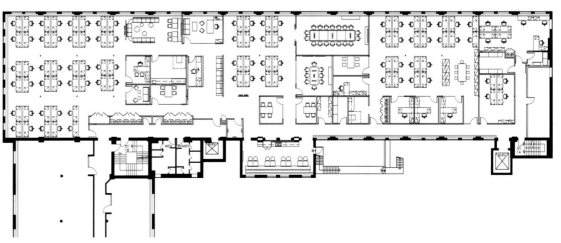

平面图

FUEL 广告公司

设计机构：Bartlett & Associates
项目地址：加拿大多伦多
摄　　影：Tom Arban

　　FUEL 广告公司想利用有限的资金为它的品牌开创更大的空间，同时利用这个空间为员工和客户传达它的创造性和迷人点，借以提高员工的工作积极性，吸引更多的客户。

　　为了体现 FUEL 的 LOGO 及其含义——"可能的力量"，设计分为三个元素：力量、冲击和流行。

　　力量：接待处明亮的红墙与纯白色长椅形成视觉碰撞，接待处的波纹金属吊顶板和线形接待台为通往会议室提供了强烈的视觉导向。

　　冲击：3.9 米高的高清屏幕、活泼生动的彩色区域与简洁的白色工作站及背景形成鲜明对照；具有流畅的颜色过渡——从前台的红色过渡到粉色，再到客户服务区的橙色，最后以柠檬绿和白色收尾。

　　流行：休息区由玛丽梅科的布板装饰墙壁，毗邻的是咖啡馆，由大尺寸的鲜花和白桦树图装饰。画布上是约翰·列侬、史蒂夫·乔布斯等人的格言。白底黑字的画布与前台的图标相互呼应。

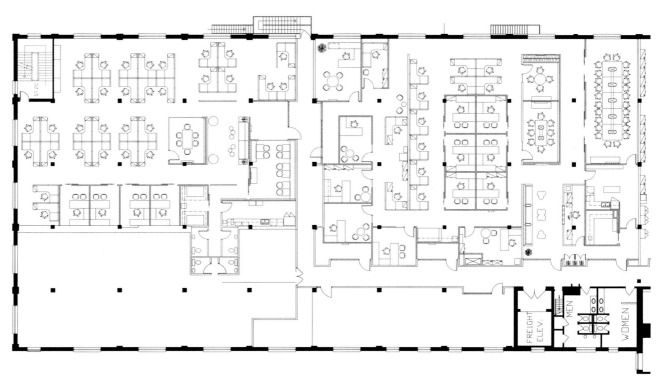

平面图

萨奇广告公司

设计机构：Bartlett & Associates
项目地址：加拿大多伦多
摄　　影：Tom Arban

　　萨奇广告公司想在多伦多工作室的设计上追寻新精神和品牌文化。这个工作室只是分布于全球 70 多个国家 130 个工作室里面的一个，所以更需要独特的设计来凸显其地位。设计宗旨是结合地方特色，创造全球新的品牌印象，鼓励团队协作，增强萨奇的团体凝聚力。这个项目利用有限的预算完成了无限的发展。独特的品牌设计在阁楼式的空间里与标准的办公塔意外地合拍。弯曲的网格空间框架围合出了一大片接待区，不经雕饰的木质板条完美地托起了加拿大制造的代表——金属鹿头雕塑。椓木枝的妖娆不仅使室外都市风光更加柔美，还为网屏提供了结构设计对比。脚手架形的结构体形成了一片展示区，并衍生为工作台的主轴。整个布局都在鼓励合作与交流，为临时会议和传递正能量提供便利。充足的接待空间既大气，又为员工会议、客户接待、定期社交提供了场所。

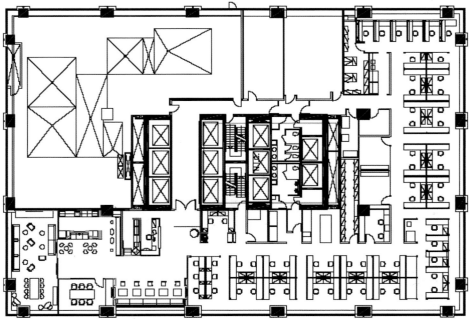

平面图

ENGINE创新实验室

设计机构：Jump Studios
项目地址：英国伦敦
项目面积：789.4 平方米
摄　　影：Gareth Gardner

　　为了将蕴含在 ENGINE 公司标语"Engine loves change"中的精神在前台处得到体现，Jump Studios 设计了一个变幻无穷的装置——内部装有脉冲 LED 灯的炫彩有机玻璃框。这些或长或短、或深或浅的堆叠框让人想起了条形图和关系图，它们被安装在原来就装有接收箱的墙上。这面墙除了有承重作用，更提供了后续改造的可能性。

　　设计改造的另一个挑战就是将 640 平方米的商用空间和其毗邻的一楼前台转变为办公平台和一套研讨专用会议室。贴上"创新实验室"的标牌后，这些空间就变成了高层的常用会议室。这些房间可以作为工作、创意会议、研讨会、展示会等场地使用。茶水间旁的开放过渡区位于三个实验室和一个开放办公室中间，它可以用作非正式会议厅、用餐室或者接待台。

SCHLAICH BERGERMANN 公司总部

设计机构：Ippolito Fleitz Group
客　　户：sbp GmbH
项目地址：德国斯图加特
项目面积：2 500 平方米
摄　　影：Zooey Braun

　　公司的第一层是内部交流的核心区，由接待台、会议室、餐厅和会面室组成。所有的会议室和行政组织部门办公室都位于这一层，并根据交流方式和内容的不同设置了不同类型的座椅。这是为了鼓励员工工作和休息时都能多交流。

　　访客可以通过公司自主研发的电梯到达二楼（公司第一层）。首先映入眼帘的便是精心设置的接待区。接待区的入口处以一面镶有黑色磁条的铝合金墙体作为门面。接待台的后面是行政和后勤人员的工作区。始于接待台的地毯覆盖了往来的主通道，并通过上面的标识指明不同区域的方向。天花板上长达 17 米的灯条除了提供照明，也有方位指示的作用。

　　中心区是用餐区。铺在长餐桌和座椅下面的是灰棕阴影交替的地板砖。天花板上安装的石膏具有声控效果，能够吸收噪声。细长的吧台将长餐桌和圆餐桌分隔开来，因为圆餐桌作为更为私密的交谈区域，需要独立的环境。

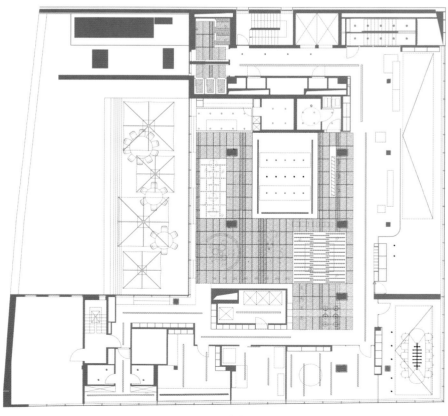

平面图

罗盛咨询公司

设计机构：Loeb Capote Arquitetura e Urbanismo
项目地址：巴西圣保罗
项目面积：800 平方米
摄　　影：Tuca Vieira

　　罗盛咨询公司在圣保罗的新办公室总面积为 800 平方米，位于 Eldorado 塔的 11 层，尽享圣保罗赛马俱乐部和皮涅鲁斯河流美景。

　　接待处配有一个大型画廊，供访客们在等候时消磨时间。为了表示审慎以及保护隐私，设计师在长长的画廊两端分别设置了会议室和接见室。

　　设计师根据客户的要求，将室内设计的焦点放在了管理和研发这两个互补的部门上。管理人员办公室的特点是视野开阔，可以观赏到皮涅鲁斯河和圣保罗赛马俱乐部的风采。办公室之间用落地窗户隔开。研发人员的办公室也使用了玻璃隔墙，与管理者办公室平行排列。这样的布局和选材，不仅为促进员工协作提供了清晰的视线，同时也保护了每个工作区域的声音隐私。秘书处设在两者之间的靠窗位置，辅助实现了整个沟通过程的流畅性和开放性。

LAYOUT

0   1M   5M   10M

平面图

ZAPATA Y HERRERA 律师事务所

设计机构：Masquespacio
设 计 师：Ana Milena Hernández Palacios
客　　户：Zapata y Herrera 律师事务所
项目地址：西班牙巴伦西亚
项目面积：100 平方米
摄　　影：David Rodrí guez（来自 Cualiti）

　　ZAPATA Y HERRERA 律师事务所一直以黑色、灰色和原木结构作为它标志性的企业色彩和主题元素，用以诠释企业的核心价值观。木梁是修缮后的项目中必不可少的元素。贵重的木料成了办公室的主角，灰色象征着坚定和专业，而黑色则传达出律师事务所特有的优雅和严谨。

　　沿着木质楼梯走进办公室，人们可以感受到或优雅精致，或严肃稳健的办公氛围。入口左侧办公室的中心元素是木帘，配有带存储柜的"L"形办公桌，使小空间的利用率达到最大化。接待台的后面是实习生区，这个区域的主题是绿色环保；一系列的芦荟绿植配以由哈维尔·马利斯卡尔设计的环保椅子（100% 可再生或可回收）。

　　入口的另一侧是董事会议室，主角是一系列木质相框，象征着一般律师事务所挂出的执照。会议室的旁边是一间休息室，摆放的 Float 沙发是卡里姆·拉希德专为西班牙知名家具品牌 Sancal 设计的。

DECO-SIMIL INTERLOMAS

设计机构：Boué Arquitectos
设 计 师：Gerardo Boué，Agustín Funcia
项目地址：墨西哥墨西哥城
项目面积：350 平方米
主要材料：地板——混凝土和天然橡木；墙体——天然白杨木；天花板——附有黑色乙烯基；外墙——白色凯撒石
摄　　影：Gerardo Boué

　　DECO-SIMIL INTERLOMAS，一间家具和配件商店，位于墨西哥城西部，占地 350 平方米，由 Boué Arquitectos 负责设计和施工。商店分为上下两层，为了打造出一个高效便捷的购物环境，客户与设计师共同完成了区域划分。
　　项目整体构思也考虑到产品的陈设，从而充分利用每个区域，达到最佳效果。明亮的暖色调带给顾客和员工舒适温馨的感觉。
　　商店形成了一个良性循环，顾客可以轻易地找到任何区域并随时获得员工帮助。一楼将木材和混凝土结合在一起，达到了即使客流量再大，也方便进行清洁和保养的理想结果。一个精致的楼梯，由木材和玻璃制成，通向二楼的会议室和办公室，具有更高的私密性。

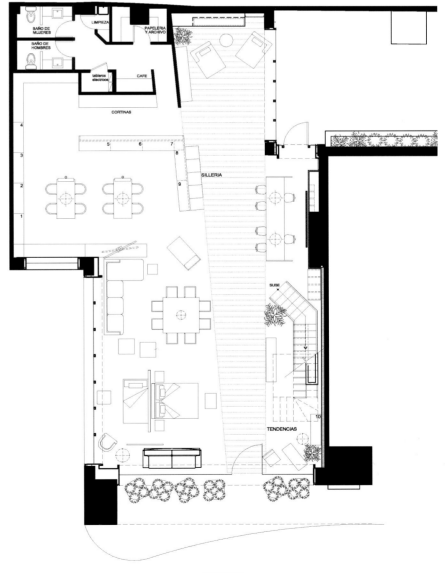

平面图

清海化工办公室

设计机构：杨焕生建筑室内设计事务所
设 计 师：杨焕生
参与设计：王莉莉 王慧静
饰品规划：千江艺术
项目地址：中国台湾台中
基地面积：825 平方米
主要材料：木材、石材、烤漆、进口马赛克、裱布、定制家具
摄 影：刘俊杰

　　"透"是设计的主题，光线与视线流通是该办公室设计中的一大课题。玻璃扮演起空间界面的角色，大片落地玻璃延续了空间的深度。

　　在设计的范畴里，每个空间开始都是由光线界定出空间范围，随人及时间的游移，空间开始变化出生活的轨迹。

　　清海化工办公室延续了这样的设计精神，在设计上，我们运用玻璃将空间界定出虚实内外，模糊的边界产生延续的界面，是室内也是室外，是私密也是开放，边界打破了，空间才有延续的可能。"透"让空间活了起来。

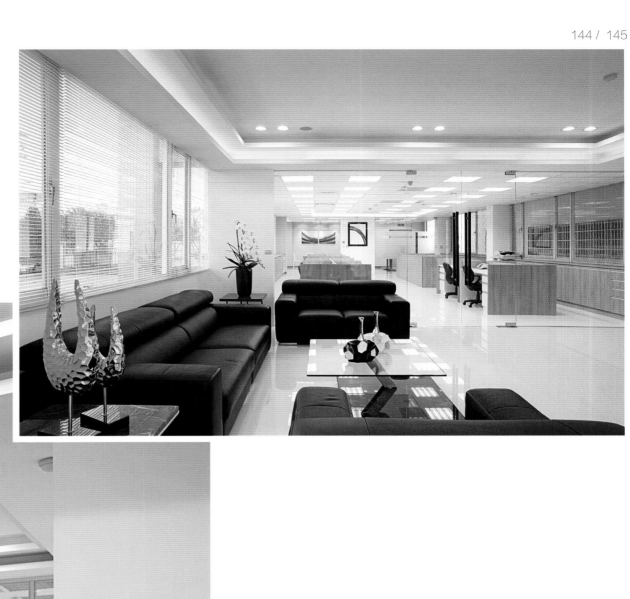

山西大有广场

设 计 师：周际
项目地址：山西大同
建筑面积：68 985 平方米

　　大有广场坐落于美丽的"凤凰城"——山西大同。设计师设计、创造了一个现代、先进、时尚的办公空间。

　　设计以永恒的黑、白、灰三色奠定了办公空间的基调，使用天然、质朴的石材，点缀以精致的不锈钢，既体现了现代感，又具有持久性。造型上，设计师通过对直线等最基本图形和线条的娴熟掌控，使空间简洁、流畅，既含蓄又富有激情。同时，设计师还探讨了构建当地传统的可能性，重现一些历史记忆。大堂里赭石色的数字墙，灵感就来源于当地的云冈石窟。

平面图1

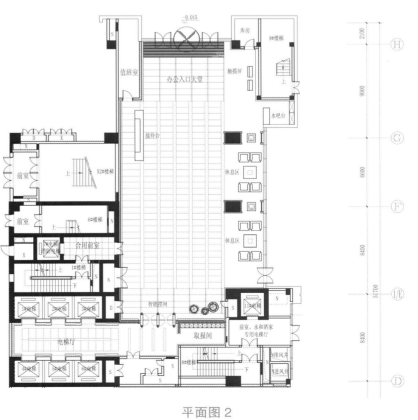

平面图 2

叙品设计山东分公司

设计机构：叙品设计装饰工程有限公司
设 计 师：蒋国兴
参与设计：唐振南 李海洋 蒋少友
项目地址：山东临沂
建筑面积：410 平方米
主要材料：浅灰色壁纸、深色木地板、黑色方钢、中式镂空木格、黑色木饰面等
摄　　影：蒋国兴

　　本案是叙品设计公司的第三个分公司，位于山东省临沂市兰山新开发区环球国际大厦内，是今年新建的一栋办公楼。

　　本案设计师注重传统中式的精神意境，延伸简练而不简单的手法修饰整个空间，以浅灰色作为核心色彩，通过由浅至深的渐变，并辅以绿色植物作为点缀，演绎出一个内敛、安逸、富有张力的空间调性。进入公司的入口，迎接访客的是公司的前台及 LOGO 背景墙，设计师运用原混凝土墙及黑色方管不规则的穿插，隐约展现"叙品"两个大字 LOGO，朦胧中透着一股内敛。

　　新颖的黑色鸟笼灯、玲珑的中式木格、沉稳内敛的中式家具、布满书柜的书籍等，这些元素的结合，营造出一个时尚与中式的相互渗透的办公空间。整个设计既不拘泥于传统中式的条框，又不失传统的内涵，使整个空间略带禅意，于宁静中张扬着活力。

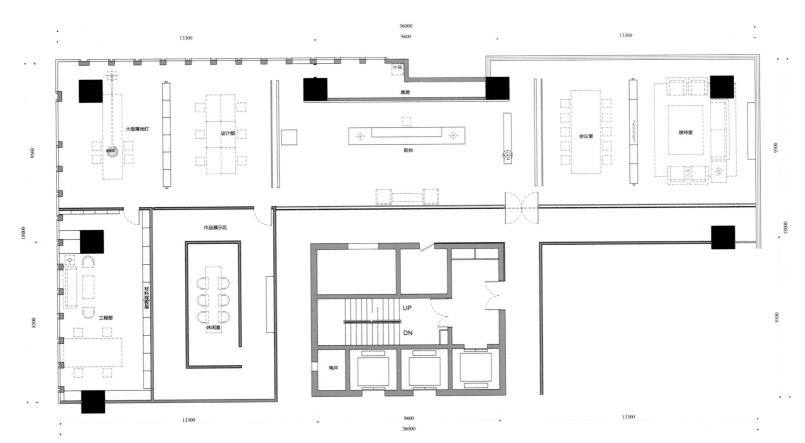

平面图

BARENTSKRANS 律师事务所

设计机构：Hofman Dujardin Architects
项目地址：荷兰海牙
项目面积：5 200 平方米
客　　户：BarentsKrans Law and Notary Firm
摄　　影：Matthijs van Roon

　　这栋 5 200 平方米的大楼始建于 1950 年，共六层。原大楼设计分为三个主要区域：以庄严的大理石作为外表的前区、拥有两个宽广中庭的中区和后区。Hofman Dujardin Architects 对原大楼的改造可圈可点。设计师们将两个相邻的中庭打通，中间便形成一个开放的连通场所。接待台、客户休息室、新旋梯、咖啡吧台和阅览室都设在这个会晤区内。照在中庭的灯光来自该场所的两端，并借橡木地板、墙壁和家具烘托出温暖、热情的氛围。入口和会议室被设置在开放式会晤区旁边。入口处采用的是高贵典雅的细纹大理石地砖，而旁边的会议室则使用木料原色和彩色的椅子凸显朝气。这样两种截然不同的氛围能为顾客时常提供新鲜的感受。员工工作室分布于一楼至四楼的前区和后区，每个房间都有一个长达 4 米的桌子，或用作工作台，或用作会议桌。

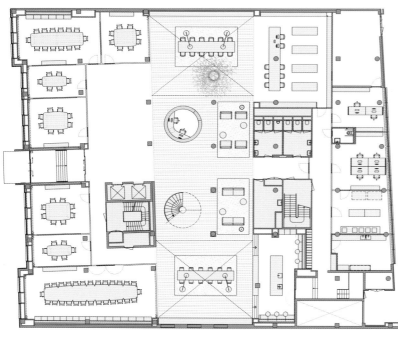

平面图

贝克 & 麦坚时国际律师事务所办公室

设计机构：DB&B
客　　户：贝克 & 麦坚时国际律师事务所

　　贝克 & 麦坚时国际律师事务所想将自己的办公室变得时髦且不乏专业感。DB&B 建筑装饰公司便使用开放办公理念设计了这样一处时尚精致的空间，更好地为员工交流合作服务。这个办公室的设计理念是使员工之间的交流联系不像他们的日常工作一样复杂烦琐。为了凸显企业文化的连通性，楼梯设计成方便走动的样式。了解到专业知识共享是贝克 & 麦坚时公司文化的独特部分，设计师引进了开放的合作空间理念。为了便于分配工作，"专注"室分散于工作区的易达场地。

　　这所办公室的另一个亮点是阅览室。DB&B 对它的改造，参考了新加坡河、海滨大道和滨海湾金沙综合度假胜地的设计，使这里可以自由地沐浴阳光。为了抓住贝克 & 麦坚时国际律师事务所较高的全球覆盖率和全面的本地化知识文明这一亮点，巨大的前台被印上能展示他们全球印记的世界地图。

LEXINGTON AVENUE 办公室

设计机构：Quespacio
设 计 师：Ana Hernández Palacios
项目地址：西班牙巴伦西亚
摄　　影：Araski Kuro & David from Cualiti

　　当客户需要将他们在巴伦西亚的办公室打造成都市简约又不乏精致的新办公环境时，设计师意识到必须将原有的白色家具和地板色也考虑进去。

　　通过对纽约 LEXINGTON AVENUE 办公室的观察研究，设计师选定了黄色和黑色作为主色调，它既能与纽约大楼的颜色相呼应，又因为和出租车的颜色相似而具有都市感。

　　整个空间被划分为两块，中间的隔断是透明的，便于自然光的采集。为了加深公司印象和都市感，工业窗帘图案的选择结合了公司 LOGO。第一个房间充分展示了从 LOGO 延伸开的黄黑线条的和谐搭配。为了避免色调过重，第二个房间的黄黑线条较少。

　　至于新增家具，设计师选择了这个国家不常用的西班牙品牌来体现差异性。所有家具都使用环保再生材料，且能与白色桌椅搭配出完美的都市感。

ECOMPLEXX 办公室

客　　户：ECOMPLEXX GmbH
项目地址：奥地利威尔斯
项目面积：575 平方米
摄　　影：Max Nirnberger

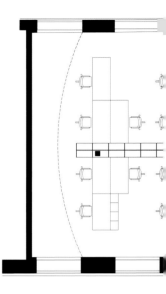

　　"枢轴设计"和"添加装饰"在公司建筑设计理念和自我定位上扮演了重要的角色。不对原有窗户做改动是为了保留大气的"阁楼感"，走廊和操作区沐浴在满满的灯光下。"枢轴设计"的理念是想将所有变动集中于枢纽区，那里具有多变的潜力。大部分工作室都与主轴相连，这使得整个结构更加开放多元。

　　当多功能的主干提供了所有必要条件时，阁楼的窗式房间便能充分发挥它的装饰作用，例如杂物区、档案室、衣帽间等。空间以舒适的座椅、吧台和整个技术性的安装为特色。主干采用一系列三角家具。为了缩减预算，设计采用了万花板来构筑这巨大的结构，个别的架板还使用了特殊材料以达到美妙的音响效果。舒适的休息区和会议区都安装有柔软的窗帘，巨大的玻璃墙还有隔音的功效。

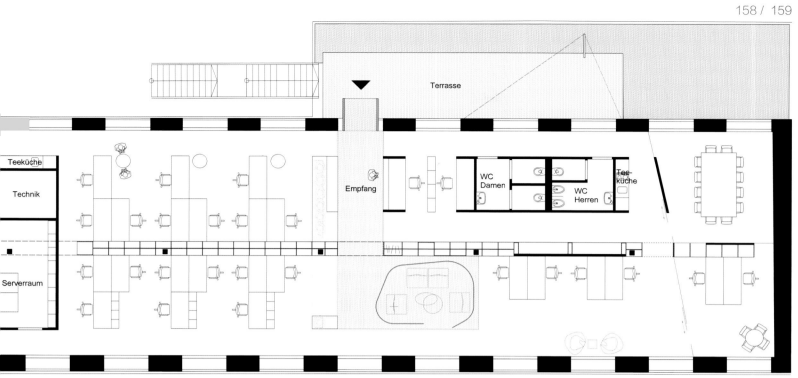

平面图

嘉年华游轮英国总部

项目地址：英国南安普敦
摄　　影：Chris Gascoigne

　　HOK 建筑事务所通过对位置、大小、类型和视角的分析，为嘉年华游轮进行设计打造。为了迎合嘉年华对公司的策略整改，船身的基础设计必须进行有目的的改进，有些改进还涉及了甲板的应用识别方面。

　　内部的装备设计来源于通用的"海洋"理念。通过中庭的霍克尼风格图形和循环图形勾勒出浪花的图案。各个楼层和会议室都以海洋名称命名。乘客们参观每个客舱时也都能看到巨大的海洋景象描绘图。航海图被广泛应用于各个会议套间，每个都描述了舱门名字的由来。

　　耦合的三角形式的应用是为了更好地呈现方位标识和设备危险标识。这些三角也被用在三面电镀的塔状装置上，这些装置为 LCD 屏、品牌标志或者白板的安置提供了绝佳的位置。

ANGULAR MOMENTUM

设计机构：牧桓建筑
设 计 师：赵玉玲 胡昕岳
主要材料：密度板、冷烤漆、不锈钢、环氧树脂、玻璃
摄　　影：周宇贤

　　不等分的二维平面进而构成三维的量体，形成一种凝结的空间动能。不同向量的平面切块互相交汇联结并在轴线上扭动翻转，宛如一个运动体在时间冻结时的定格，但相对暗示物体本身下一时间预定形成的体态，也就是说隔墙不再是立面上的一个维度，而是处于一种运动状态的静止画面。因此在进入空间后的视觉和空间感有了改变，空间因此有了流动感，是一个视觉暗示，但却改变了人的实质感知，空间也有了不同的趣味。

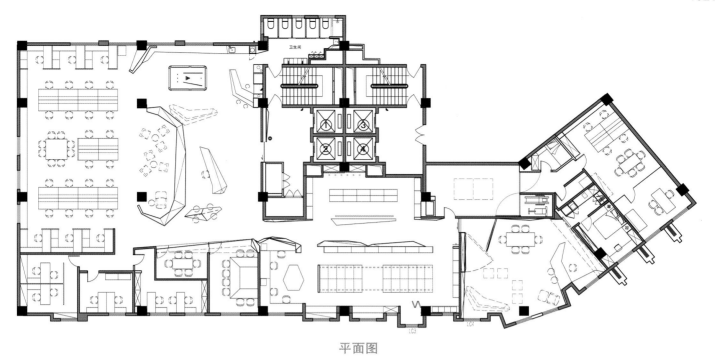

平面图

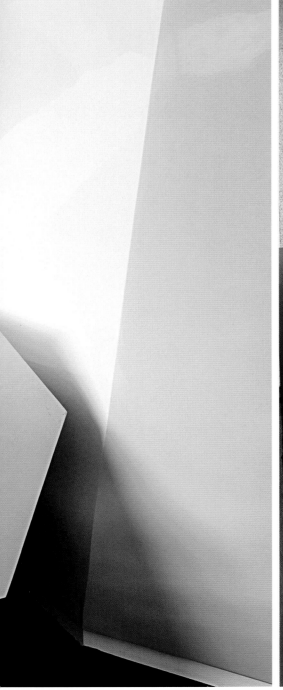

BPGM 律师事务所

设计机构：Forte, Gimenes & Marcondes Ferraz Arquitectos (FGMF Arquitectos)
设 计 师：Ana Beatriz Lima，Bruno Araújo，Marina Almeida（实习生）
参与设计：Marília Caetano Renata Davi
项目地址：巴西圣保罗
项目面积：570 平方米

　　BPGM 律师事务所布局呈径向放射状：周边位置是一间间会议室，既能看到室外景色，又能获得充足的阳光；中心则是访客区，配有等候室、接待台和悬浮式图书室，从图书室可以通往任意一间办公室。

　　访客从电梯出来首先看到的是图书室，因此，图书室不仅仅用来摆放书籍，还代表了整个律师事务所的理念与形象。设计师们将图书室设计成一个小型迷宫，设置不同角度、敞开或封闭的通道。整个图书室采用神秘的悬浮式设计，与地板保持 40 厘米左右的距离。

　　漂浮的图书迷宫代表了无形的知识缥缈地悬浮于地板和墙壁之间，新颖地表达出事务所的传统精神：将公共知识分享给 BPGM 客户。它独树一帜，不拘泥于传统律师事务所严谨端庄的氛围，以新颖的现代姿态呈现出 BPGM 律师事务所的特质，碰撞出传统与创新的火花。

弗劳恩霍夫总部

设计机构：Pedra Silva Architects
设　计　师：Hugo Ramos，Rita Pais，Jette Fyhn，Dina Castro，André Góis Fernandes，Ricardo Sousa Bruno Almeida
平面设计：Rita e Joana Coimbra
项目协调：Luis Pedra Silva，ENGEXPOR
项目地址：葡萄牙波尔图
项目面积：1 660 平方米
摄　　影：João Morgado

　　葡萄牙弗劳恩霍夫研究协会波尔图总部位于波尔图大学科技园内，整体空间简单、积极、充满活力，同时借用了斯图加特弗劳恩霍夫创新中心的空间布局和结构元素。

　　新式的科研设备占据了新大楼的两层，总面积达 1 660 平方米。空气流通是这一项目的核心所在，所有空间都沿着玻璃幕墙分布，主轴线连通所有区域。波浪形平面贯穿整个开放式楼层，分割出不同功能、不同规格的办公空间，创造出空间上和视觉上的动态效果。动态波浪的呈现需要依靠周围环境的辅助，如办公区和会议室的天花板、墙体或者地板，确保视觉上的连续性、动态性以及流畅性。

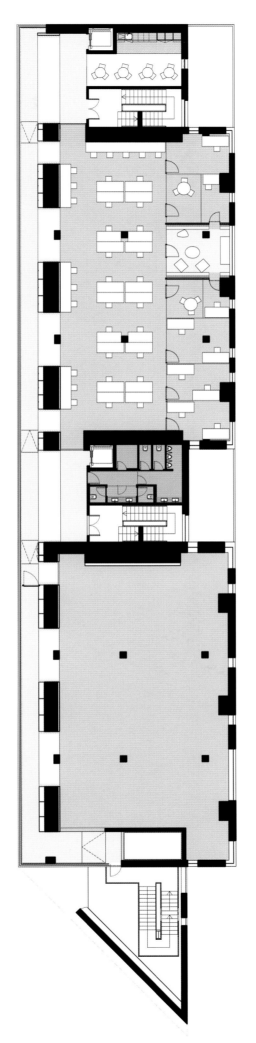

平面图 1

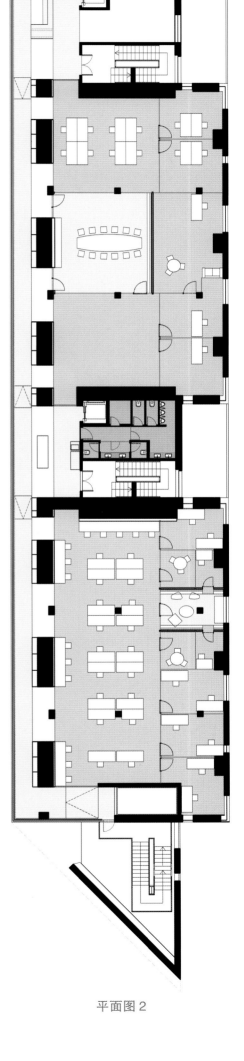

平面图 2

CANALI米兰陈列室

设计机构：Grassicorrea Architects
设 计 师：Duccio Grassi，Fernando Correa
项目面积：1 134 平方米
项目地址：意大利米兰
摄　　影：Andrea Martirdonna

　　CANALI 位于米兰的新陈列室是由 Grassicorrea Architects 建造的，这里曾经是 Ichard Ginori Industry 的仓库。为了扩大这里的面积，面向纳维格利欧运河的原单层小仓库被改造成了一个三层的陈列楼。设计师保留了原楼层，并设计建造了地下室和中层楼。这一举措将面积扩大到了 1 134 平方米。连接三个楼层的是旋转而上的楼梯，不论从哪个方向看都有强烈的视觉冲击感。陈列室的主要亮点是入口处接待台后面的巨大原石，它的表面覆盖了一层深色的多色花岗岩和大片深紫红色晶体，并特意被高压水枪打出粗糙的纹路来。前台后面的楼梯旁有一面植生墙，植物种在高高的混凝土植物容器中，垂下的藤蔓则相伴在顾客身旁。面积达 487 平方米的一楼设置有前台和主展示区。应客户的多功能性要求，这个单功能的空间被设计成可以用隔板随意改变空间大小的区域。195 平方米的中层楼作为销售展示专区，享有自天窗倾泻而下的自然光。

ICADE办公室

设计机构：Landau–Kindelbacher
项目地址：德国慕尼黑
项目面积：22 500 平方米
摄　　影：Christian Hacker，Werner Huthmacher

　　企业理念在建筑中不仅体现在入口大厅、自助餐厅、会议室、礼堂和行政管理区域，还表现在整个办公区的设计风格中。新风格完美地凸显出该企业的品牌标语——追求品质，尽善尽美。

　　入口大厅那明亮优雅的颜色烘托并提升了建筑的开放式风格。应用可循环设计元素，如木料、天然石块和可丽耐，为办公室营造出一种自然温馨的氛围。电梯两旁的天然石块为前厅的外墙增色不少。浓艳的波尔多酒红色作为主色调被用于地毯和真皮保护层，与局部明亮的白色和暖木色调形成鲜明对比。礼堂可以说是企业理念的集中体现：室内外的封装保护层采用可丽耐材料，室内的墙体覆以暖木和精致织品，两者实现和谐并存。图书馆同样引人注目，有接待区、阅读区和借阅区。自助餐厅洋溢着友好、开放的气息，精心挑选的颜色和家具令访客流连忘返。

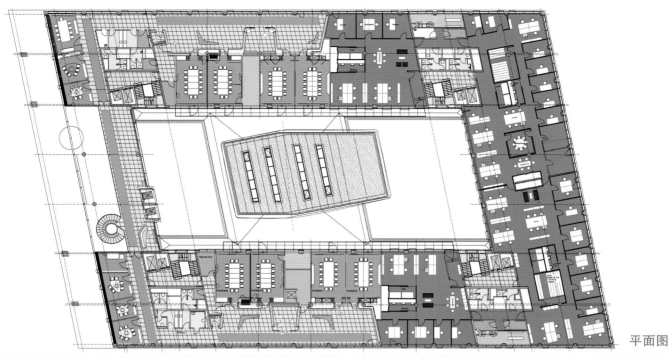

平面图

LHI普拉赫总部

设计机构：Landau + Kindelbacher
总体规划：Mann & Partner
项目地址：德国慕尼黑
项目面积：13 000 平方米
摄　　影：Christian Hacker

　　LHI 新落成的总部大楼位于德国慕尼黑市南郊的普拉赫镇，它的设计遵循的理念是：利用所有设施营造出一种"校园"氛围，在这个紧凑的空间内涵盖尽可能完善的设施，如餐厅、会议区、办公区、交流区和绿化区。

　　建筑焦点是宽敞的接待大厅，采用希腊阿哥拉风格，同时可用作会见中心、休息室和活动场地。接待访客的并不是传统的接待台，而是一个交流会见区。入口大厅通过一段极富特色的楼梯与楼上的走廊相连。自然的高度变化将这间实际上的"地下室"转变成了一处庭院，不仅可以直接亲近绿化区，还可以作为举办各类会议的区域。

　　为了顺应建筑周围环境，并且使建筑相互连接的六个部分充分地融合起来，设计师别出心裁地采用了大型结构模式。传统、认同感和情感因素在建筑设计中扮演着重要的角色，这些都体现在选用当地建材、融合周边景观上。

平面图

MTV网络公司

设计机构：dan Pearlman
项目地址：德国柏林

　　坐落于施普雷河畔的 MTV 网络公司总部大楼，经过新一轮的内部设计以及对接待处、会议区和休息区的重新布局，打造出一个全新的时尚工作空间。

　　通过打通南北隔墙，开放了一楼的整个中间区域，创造出"灵感轴线"。宽敞的中庭充当了"品牌花园"，摆有各式座椅，供休息或非正式会议使用，这里最多可容纳250 名员工。室内设计和材料选择都符合 MTV 网络（德国）标识的特性：使用特殊字体，颜色采用深棕色、白色和黄色。接待区、休息室、咖啡厅、中庭以及小厨房都创造性地沿用了这一风格。

　　员工可以在厨房、蓝色休息室，或者品牌花园的树状遮阳伞下享受午餐。乒乓球和桌上足球爱好者也可以在运动休息室中大展身手。高度自由的活动空间以及独特的私人休息区，有助于员工在工作场所中更好地平衡工作和生活。

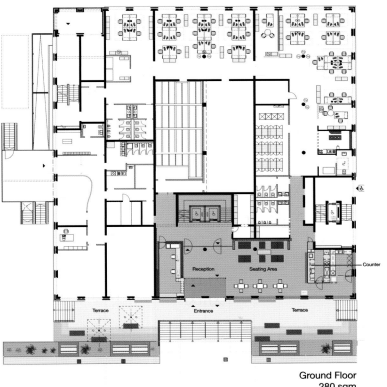

Ground Floor
280 sqm

一层平面图

NTUC培训中心

设计机构：ONG&ONG Pte Ltd.
设 计 师：Lynn Ng，Koh Jin Yu，Maung Thant Zin Oo，
Mohd Nurul Hisham，Myo Kalayar Win
客　　户：新加坡就业和就业能力协会
项目地址：新加坡

新加坡就业和就业能力协会是一个专门为团体和个人提供多种类、多层次培训课程的机构，总面积达 4 274 平方米的 NTUC 培训中心位于 NTUC Trade Union 大楼一至五层。上面四层共设有 34 个教室，最底下一层则作为客户服务中心和工作人员的办公室。就业和就业能力协会想将这栋大楼改造成一个朝气蓬勃又舒适温馨的地方，这样可以提高学员的学习效率。因此，自然界的多彩色调和天然纹理作为灵感源泉被充分融入整个设计中。自然美景本身就代表了平静与祥和，蓝天与阳光更是无垠空间和希望的体现。每层楼的教室根据不同的课程，粉刷不同的颜色，而走廊墙壁则涂鸦了生动靓丽的图案，借以打破单调的视觉效果。最后，大楼的外立面全部使用玻璃墙，不管你身在哪个走廊抑或是通道，都能将城市美景尽收眼底。

波兰PKO银行

设计机构：Robert Majkut Design
项目地址：波兰华沙
项目面积：483 平方米
摄　　影：Szymon Polański

　　波兰 PKO 银行的室内设计沿用企业的标志颜色黑、白、金。为打造现代高雅的私人银行，设计师大量运用精美的线条以及曲线网格等，创造出繁复有序又抽象的结构，力求营造出室内 3D 效果。

　　办公室分为两个功能区——客户服务区和后端办公区，高效地匹配不同空间的特定功能。

　　走进客户服务区，率先映入眼帘的是耀眼的接待室，它直通宽敞高雅的休息厅，可供来访客户等候休息。这些区域都是开放性空间，采用优雅的黑色调。接待台连接的走廊很自然地通向会议室以及沿着走廊设立的会客室和主管办公室，装修风格给人一种舒适温馨的感觉。

　　后端办公区的设计诉求是为员工创建一个舒适高效的办公环境，柔和色调和玻璃墙体扩大了办公空间的开放性和空间感。

平面图

成都复地复城国际
T4 606-607

设计机构：矩阵纵横设计团队
项目面积：65 平方米
主要材料：地毯、白色油漆、白色氟碳漆等

　　按户型样板房单从平面布局来看，布局传统、常规，但其实玄机尽在其中。中间的长条形箱式空间通过变形、挤压、掏空，一个包含了前台接待、休闲、娱乐、办公的奶酪核心功能装置诞生了。它沉浸在这黑白的空间里，显得如此洁白和纯粹，而人们身处其中，内心也会被这洁白所净化，思想会被这纯粹所升华。滑润的白色油漆板、柔软的深灰色条纹地毯、黑色砂面的氟碳漆，本应该单调的黑、白、灰因为各种质感散发出不同的气质，更因搭配 moooi 品牌的黑色烟熏系列家具而与众不同。

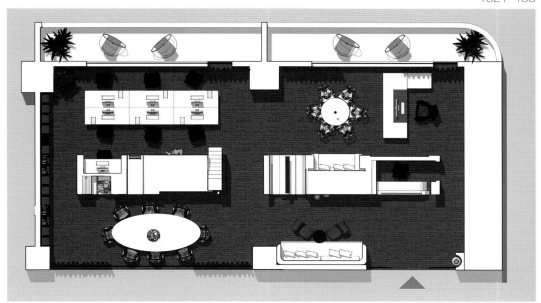

T4 标准样板层 606–607 样板间平面图

慕尼黑机场VIP休息室

设计机构：Landau–Kindelbacher
设 计 师：Erich Gassmann，Tina Assmann
参与设计：Philipp Hutzler，Andreas Obermüller，Sebastian Filutowski
项目地址：德国慕尼黑
照　　明：Tropp Lighting Design
摄　　影：Florian Holzherr

　　VIP 休息室是对特殊身份的一种现代化体现，力求为顾客提供全方位的感官享受：触觉上采用当地木料以及典型的巴伐利亚建材，如罗登呢、毡制品、皮革和宽大的橡树厚木板；视觉上最大限度地实现自然采光，为贵宾们展示出巴伐利亚颇负盛名的蓝天、白云和啤酒花园。

　　接待台的后墙覆盖着纯天然的落叶松砂砾，打造出典型的巴伐利亚风格。主道通向休闲吧和一个简易装修的休息区，从这里可以看到休息室深处的凹室型和壁龛式休息室。吧台的背墙经过精细的镀铜处理，配合清新的绿色家具和裹着毛料的靠墙长凳，给人一种随意舒适的感觉。

　　第二休息室内舒适的皮革沙发和扶手椅可供旅客小憩片刻。透过吸烟区的大块玻璃，即使在对面也可以看到跑道。手工制作的坚实白蜡木桌子上摆放着代表手指的工艺品，在细节处体现着巴伐利亚的手工技艺。

捷致办公室

设计机构：玄武设计
设 计 师：黄书恒 许棕宣 董仲梅
项目地址：中国台湾新北
项目面积：300 平方米
主要材料：壁纸、方块毯、喷漆、玻璃隔间
摄　　影：王基守

　　捷致科技规划案延续了企业精神作为设计主轴的模式，空间中也隐藏了设计者的幽默。

　　捷致科技主要经营计算机游戏的外围配备。游戏产业有着魔幻、炫目、走在思维尖端的强烈特质，在这个日新月异的科技时代，自然也需要相应的时尚感来提升整体空间氛围的深度。故此，设计者选择以深沉的黑色打底，以大面的黑色墙面营造变幻莫测的感受，仿若一座无法见底的幽黑深井，神秘的回音在空间中盘旋回荡，激发访客继续探索的欲望；黑色，同时也隐喻着游戏产业要素——等待开启的计算机屏幕，将抽象的企业精神具象显现，呈现玄武设计因人制宜的规划策略。

谷歌校园

设计机构：Jump 工作室
项目地址：英国伦敦
项目面积：2 300 平方米
摄　　影：Gareth Gardner

　　这栋位于伦敦科技城（又称小硅谷）中心的谷歌校园办公楼，拥有七层联合办公和活动空间。这一项目由谷歌英国公司启动，旨在助力伦敦科技创业团体的成功。

　　校园将与 Seed Camp, Tech Hub, Springboard 和 Central Working 这些合作伙伴一起为创业公司提供办公空间，同时用于开展日常活动，定期邀请一流技术和创业专家举办系列演讲，举行社交活动，并且常年运行指导项目。

　　建筑的主要焦点在于打通地面与地下层的连接，把从接待台到非正式会议区，再到剧院、咖啡馆和工作室等一系列社交区域有条不紊地连接起来，形成一个完整的系统。

　　建筑的整体外观和感觉要能反映出未来使用者的特性：它们是刚刚起步的新兴公司，而不是已颇具规模的企业。剥除建筑的装饰暴露出其所有的服务功能，露出现有的天花板和柱体，用油毡和胶合板这些实用廉价的材料将它们结合在一起，最终创造出一种原始美感。

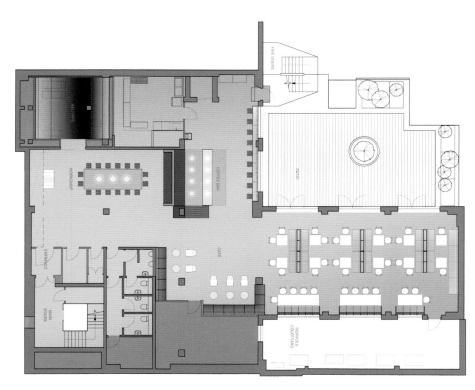

平面图

红牛伦敦总部

设计机构：Jump 工作室
项目地址：英国伦敦
项目面积：1 860 平方米
摄　　影：Gareth Gardner

　　红牛伦敦总部坐落于伦敦市中心，由两栋建筑合而为一，空间设计强调员工之间的互动，同时囊括了自身的品牌价值。设计目标是"激发身体和心灵的潜力"，希望能够让访客与员工受到鼓舞并充满活力，凸显出红牛令人兴奋的品牌文化。

　　办公室分为三层，其中一层延伸至屋顶。为了确保人员流动，设计师们在楼板的中间开凿出一系列的洞孔，建造了滑梯和浮动楼梯，实现了视觉上和实质上的连续性和贯穿性，打造出一个开放、高效、动感以及联动的办公空间，充满活力与能量的体验使红牛的品牌理念栩栩如生。

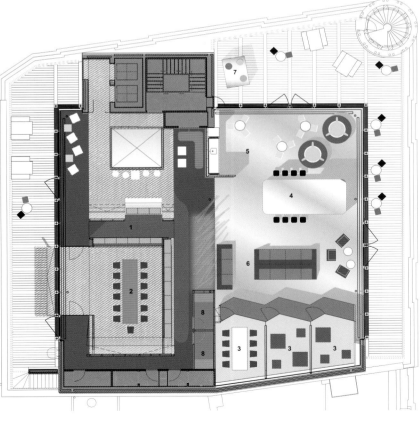

注释

1 接待厅

2 董事会会议室

3 会议室

4 吧台

5 厨房

6 休息室

7 吸烟室

8 更衣室

平面图

伊波利托·福莱茨集团工作室

设计机构：伊波利托·福莱茨集团
客　　户：伊波利托·福莱茨集团股份有限公司
项目地址：德国斯图加特
项目面积：480 平方米
摄　　影：Zooey Braun

　　六年来，伊波利托·福莱茨设计工作室伴随着项目的成功，员工也在不断增多。建筑师和设计师合作，将旧办公楼的其中一层改建为新的工作场所。他们要求自己成为"个性建筑师"，这也成了整个空间设计的标准：这间办公室将作为一个标志，向客户和工作伙伴们传达他们的个性。

　　两张长长的办公桌打造出一种勇于创新、乐于沟通的氛围。排架和家具都由白色或深色木材制成。办公场所上空悬挂的带状纺织品色彩艳丽，给人视觉上的冲击，可用作灯具开关或摆设绿植。除了两间会议室，还有轻松愉快的交流岛可供讨论。配有宽敞厨房和超大镜子的工作室是另一个激发灵感和放松身心的地方。

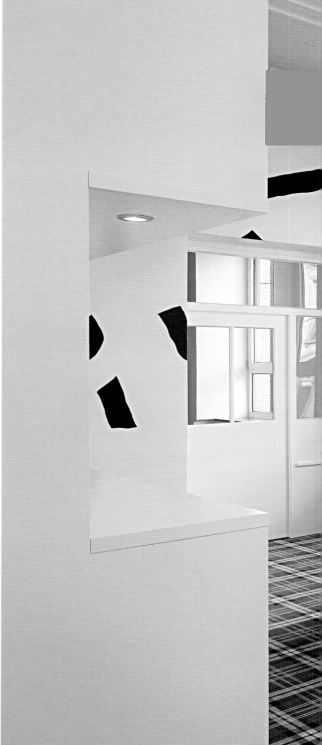

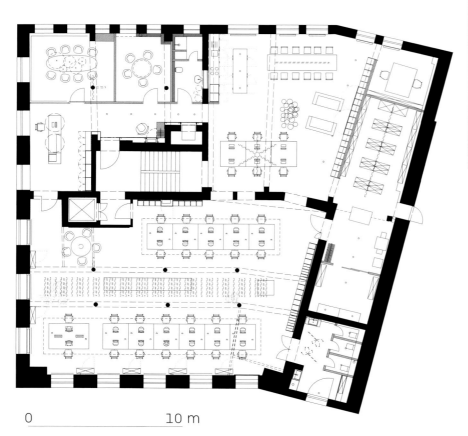

0　　　　　　　10 m

平面图

卓越大酒店

主设计师：郭 继
项目地址：福建福清
主要材料：银白龙、灰茶镜、木饰面、直纹墙纸、皮革硬包

设计说明
1.功能：烘托酒店标志，令人耳目一新；打造功能全面的用餐空间。
2.氛围：奢华、古典。
3.作品类别：精品酒店一层二层设计（大堂及餐厅部分）。
4.灯光：明亮、暖色。
5.设计背景：综合型酒店设计。

主设计师：郭 继
项目地址：福建福清
主要材料：银白龙、灰茶镜、木饰面、直纹墙纸、皮革硬包

设计说明

雷迪森酒店

设计机构：GRAFT
客　　户：Radisson SAS Iveria Hotel
项目地址：格鲁吉亚第比利斯
项目面积：34 200 平方米

　　由 GRAFT 设计事务所设计建造的雷迪森酒店其前身是一座建于 20 世纪 60 年代的高层建筑，现改建为一个拥有 249 个房间的五星级酒店，其中包括 44 间商务房、15 个套房、1 个行政套房、1 个意大利餐厅和 1 个高级酒吧。会议中心配备了 10 间会议室、1 个可容纳 450 人的交谊厅、1 个银行交易处和 1 个旅行社。标有 Anne Semonin SPA 和 Wellness Facility 的两层以及标有"氧吧"的一层都有绝好的观赏第比利斯城和高加索山脉的视角。这家设备服务完善的酒店甚至有个两层的赌场。

　　这个项目的设计目的是将所谓国际化的地标性建筑融入本地文化建设的大环境中，从而与当今世界的变化发展接轨。

　　雷迪森酒店像一个乐观主义的灯塔，照亮了格鲁吉亚的未来。它集无可比拟的传统文化、自我价值和自信于一体，既彻底改变了居住文化，又不摒弃历史，这就是 GRAFT 设计的精髓。

北京寿州大饭店

设计机构：合肥许建国建筑室内装饰设计有限公司
设 计 师：许建国
参与设计师：陈涛 欧阳坤 程迎亚
项目地址：北京
项目面积：约 16 000 平方米
主要材料：意大利木纹石、水曲柳肌理板、仿古砖、原木、皮革
摄　　影：吴 辉

　　北京寿州大饭店位于北京西站中土大厦，建筑面积约 16 000 平方米。饭店兼有餐饮、住宿、娱乐、会所等功能。酒店在组合空间功能的同时，又营造出浓厚的古典氛围。整体设计古朴、沉稳、大气、古色古香、含蓄而自然，呈现出一种兼容并蓄的美。

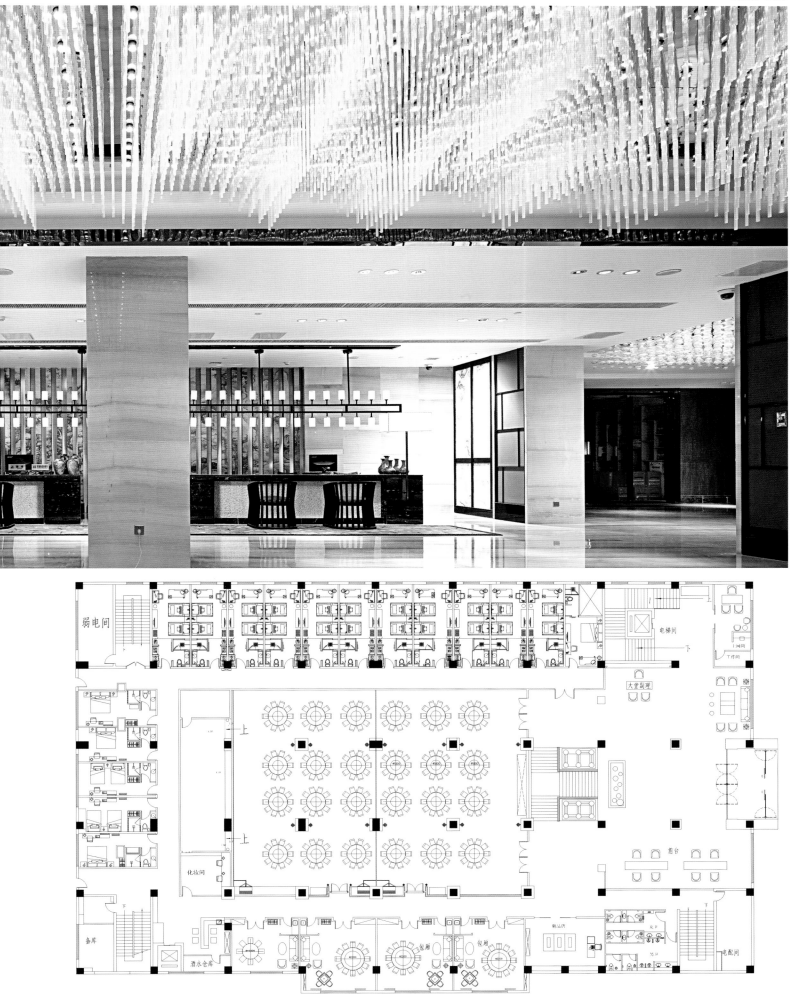

一层平面图

南充天来大酒店

设计机构：深圳山尚环境设计有限公司
设 计 师：周 巍
项目地址：四川南充
项目面积：80 000 平方米
摄   影：江国增

　　南充天来大酒店是继重庆天来大酒店后，天来集团打造的第二个五星酒店。本案设计师遵循酒店自身的风格与内涵，充分考虑空间的合理变化与延伸，满足各区功能需求和营业要求以及为客人提供舒适的空间感受。在有限的时间、资金成本下专注于普通材料的精细运用和材料色彩、肌理的完美搭配，完成低成本下的效果最大化，为业主的投资回报和资产评估打下基础。

无锡灵山元一丽星温泉

设计机构：上海胜异设计顾问有限公司
设 计 师：姚胜虎 郭又新 朱寿耀 叶作源
项目地址：江苏无锡
项目面积：约 50 000 平方米
主要材料：米黄酸洗面、片岩文化石、仿古砖、原木、自然面青石
摄　　影：周跃东

　　无锡灵山元一丽星温泉位于无锡市西南端马迹山半岛的太湖国家旅游度假区内。温泉项目背山面水，东临千顷碧波的太湖，北面是著名的灵山圣境风景区。项目占地面积约 50 000 平方米，其中室内温泉会馆建筑面积 15 000 平方米。户外为配套功能区及露天温泉汤池区。

　　项目从设计到竣工营业，历时 3 年。设计师在项目的筹备之初就参与了项目的商业定位以及功能规划、建筑、景观等相关专业的设计配合。各设计团队的目标是在尊重自然的前提下，致力打造以度假休闲风情为主题的温泉养生旅游项目。各专业设计团队的完美配合，为该项目的成功奠定了坚实基础。温泉会馆的室内设计以浓郁纯正的东南亚风格为蓝本，结合灵山太湖特有的地域文化，用朴实自然的设计手法表现出空间的自然禅意之美。

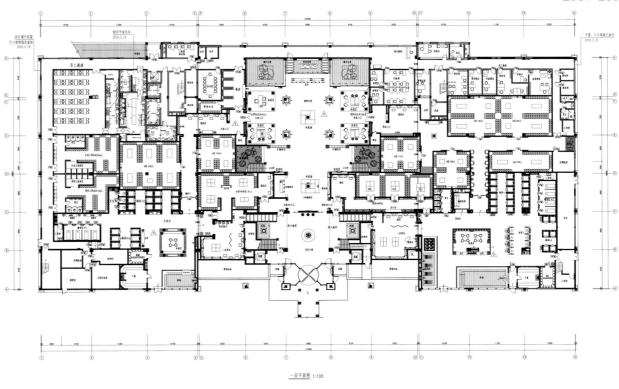

一层平面图 1:100

纳尔维克RICA酒店

设计机构：AS Scenario Interiørarkitekter MNIL，Annethe Thorsrud Interior Architect BA Hons

设 计 师：Nichlas Hoel，Silje Brænde，Ane Bernton，Jeanette‐Helen Sørlie，Tine Evju Hauger，Nicole Haugerud-Eckhardt，Are F Berg

客　　户：Rica Hotels AS

项目地址：挪威纳尔维克

项目面积：6 220 平方米

摄　　影：Gatis Rozenfelds, F64 SIA(Latvia)

　　纳尔维克 RICA 酒店是挪威北部最高的建筑。18 层高的塔状建筑形态给酒店提供了绝佳的视野。该酒店的内部设计也十分现代化：148 间奢华宽敞的客房、全日制餐厅、位于顶楼的空中酒吧和全景露台。酒店还为商务旅客配备了 8 个功能性会议室，其中最大的一间可容纳 175 人。酒店内装在使用纳尔维克当地自然元素后展现出较强的现代感。客户希望酒店具有时尚的商务度假风格的同时，又不失温暖如家的氛围。于是，设计师将它作为设计的主旨，从自然中获取设计灵感。绘制于地毯和墙体上的炫彩图案与纯净温暖的木制品形成的视觉效果，成功地打破了建筑外部冰冷的形象，在室内营造了一个宁静、温暖的氛围。客户选择让本地艺术家为其创作客房和公共区的艺术品和装饰品，是因为酒店位于城镇的中心地带，室内拥有一些与本地历史相关的、有较高辨识度的设计是很重要的。

平面图

纽约市中心W酒店公寓

设计机构：GRAFT
客　　户：Moinian Group 集团，W Hotels Worldwide，Shvo Marketing
项目地址：美国纽约
项目面积：32 500 平方米

　　纽约市中心 W 酒店公寓是纽约市区最大的全球品牌豪华酒店和公寓联合项目，也是曼哈顿区首个 W 住宅区。

　　W 住宅区位于华盛顿大街 123 号，与新的自由塔选址仅一街之隔。整栋大厦有 58 层，255 间酒店客房，233 套公寓，配有餐厅、酒吧、休息厅和露天顶层花园。

　　设计灵感将古典风格和现代主义融合在一起——古典风格的低调、简约，结合新颖的外观设计，尽显极具当代甚至未来韵味的舒适与奢华，只有朋克极简主义才能表述出它的精髓。这个项目为业主未来的工作生活和休闲观光提供了一种新的理念，即集中到全球化社会的其中一个中心。

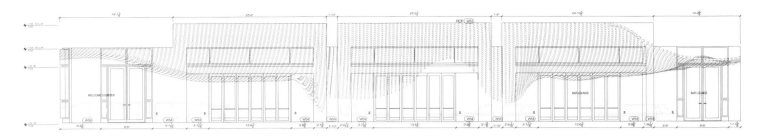

立面图

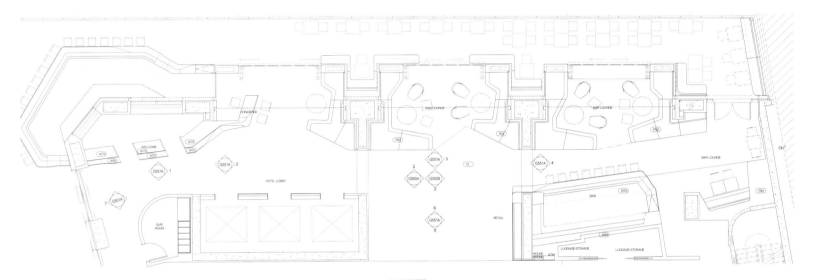

平面图

玛利亚·克里斯蒂娜酒店

设计机构：伦敦 HBA
项目地址：西班牙圣塞瓦斯蒂安

　　天花板和高耸的大理石柱、复杂精细的装饰线条，配合抛光的灰白色卡拉拉大理石地板，将玛利亚·克里斯蒂娜酒店的接待区装饰出激动人心的优雅风格，令旅客的喜悦之情油然而生。设计师们通过创建细节构成的层次感，使大厅原本坚硬的表面变得柔和，对木制建材的新一轮修整产生了精美的细微差别。墙上挂着精致的香槟色和银灰色调色板，家具漆成摩卡咖啡色或者铜色，结合柔软的天鹅绒座套和手工簇绒羊毛地毯，构成了整个大厅的简朴背景。银色的丝绸窗帘装饰了整个走廊，接待台的后墙填充着真皮，并挂有一幅超大的玛利亚·克里斯蒂娜油画，散发着优雅的气质。由于前厅较小，HBA 的设计师们将休息空间延伸至邻近的走廊，宁静怡人的座位紧邻巨大的拱形玻璃门廊。沿着走廊增设了一间家居风格的图书馆，配有气派的暗色红木书架，打造出一个舒适放松的商务中心。

雅士阁美伦酒店

设计机构：HSD 水平线空间设计
设 计 师：琚宾
参与设计：张轩崇 许金花 石燕 尹芮 谭琼妹
项目地址：广东深圳
建筑面积：25 000 平方米
主要材料：灰木纹、科技木、艺术地毯
摄　　影：孙祥宇

　　风水，即有风有水，或者说藏风纳水，中国人一向都很讲究。刚巧，美伦酒店都符合这一标准。建筑是由都市实践的孟岩所设计，远远呼应着周边的建筑群落，显得既考究又不突兀。由水平线的琚宾主笔的室内设计，延续了酒店外观的考究建筑感。

　　酒店大堂天花的造型保持了与建筑外立面形体的一致性，蜿蜒而折回，柔软而硬朗，似无序而协调。木状的铝质材料，在凸显整个空间的厚重感和品质感的同时，保持了轻松感和舒适感，体现出了商务与度假的主题。

大阪全日空皇冠假日酒店

设计机构：Curosity
设 计 师：Gwenael Nicolas
客　　户：Ihg Ana Hotels Group
项目地址：日本大阪
摄　　影：Nacasa & Partners INC

　　酒店大厅作为入口，所有的材料使用和灯光设计都体现了假日酒店的朝气、典雅与精致的现代感。咖啡厅内部的色调是灰褐色的，结合了石头原色和水洗木的颜色，在金属镂空吊灯灯光的作用下，形成了一种材料、灯光完美结合的现代奢侈感。不同区域、开放性场地和私人场地的风格差异是为了迎合不同顾客的品位。位于中心的自助餐厅是整个空间的亮点，特殊的灯光打在展示台的美食上，让人食指大动。酒店后面的双层开放区是全日宴席的理想场地，吊灯灯光在玻璃墙的反射作用下，即使夜间也亮如白昼。精心摆放的鲜花为这里注入了生命的气息。餐厅分为两个部分，白天多采用自然光照明。淡色的材料、木质天花板和柔软的窗帘柔和了这里的氛围。到了夜间，炫彩的灯光和光亮的地板使这里多了一些神秘与激情。

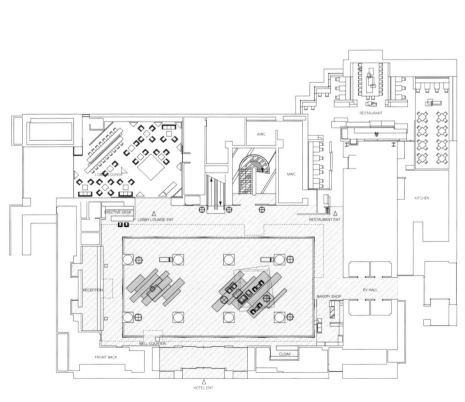

平面图

印度阿格拉ITC 莫卧儿酒店

设计机构：P49 Deesign & Associates Co., Ltd.
业　主：ITC Welcomgroup 集团
项目地址：印度阿格拉
范　围：大厅、休息室、餐厅改造，新建 SPA 客房和 Kaya Kalp SPA 综合区

　　ITC 莫卧儿酒店位于泰姬陵附近，是一家五星级酒店，它表达了对昔日莫卧儿王朝建造者的敬意。整修后的酒店突出表现崭新的公共区域和 SPA 客房侧翼。整体装修风格将现代奢华与传统皇室氛围融合在一起，形成了辉煌完美的当代莫卧儿风格，传达出永恒的优雅与高贵。

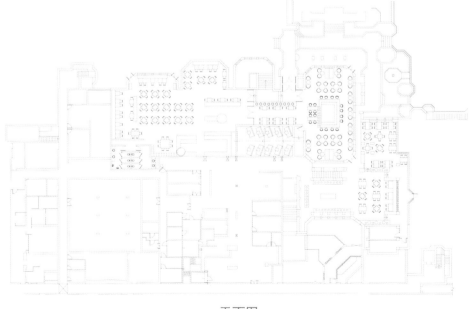

平面图

广州四季酒店

设计机构：新加坡 HBA 设计机构
项目地址：广东广州

　　HBA 设计机构着手广州四季酒店的挑战性设计，旨在将其打造成为中国南方省会城市的标志性地标建筑。这座酒店将成为亚洲室内设计的新基准。

　　矗立在璀璨绮丽的珠江河畔的广州新国际金融中心共 103 层，因其突出的高度及由下至上逐渐变细的前卫设计而闻名，位居全球知名地产排行榜第 88 名。而广州四季酒店占据了其顶部的 30 层。该三角塔楼的斜格纹外观和 30 层高的中庭空间设计甚是引人注目。HBA 设计机构的室内设计理念令人叹为观止，它不仅冲击了设计领域同时也挑战着酒店内部设计的传统理念。

　　该酒店的设计为 HBA 设计机构赢得了一场国际竞赛的胜利。HBA 设计机构能够很完美地将创新及具有挑战性的设计融合到四季酒店的品牌文化元素中，并通过视觉感受呈现给顾客。酒店的内部设计优雅而超现代，每个细节都经过精心策划，以确保为客户提供卓越的体验。

伦敦莱斯特广场 W 酒店

设计机构：Concrete 建筑设计机构
设 计 师：Jeroen Vester
设计团队：Rob Wagemans，Jeroen Vester，Ulrike Lehner，
Erik van Dillen，Melanie Knüwer，Jari van Lieshout，Sonja Wirl，
Nina Schweitzer
客　　　户：McAleer & Rushe 集团和喜达屋度假酒店
项目地址：英国伦敦
摄　　　影：Ewout Huibers

　　酒店入口处的天花板上悬挂着整整 280 个迪斯科球，使顾客仿佛置身于一片银光闪闪的球云海中。黝黑的玻璃墙体和迪斯科球的灯光反射效果使入口处成为炫目的空间。走进这家酒店就像踏进了一个崭新的世界。在这里不再有急切和疲乏，有的是探险的激情与周围的美景。饥肠辘辘的顾客可以在入口通道左边的餐馆饱餐一顿，再整装出发。

　　这片迪斯科球云具有引领顾客直达二楼的功能。二楼的设计让顾客能够穿过 W 商店直达 W 休息室。沿途的迎宾区配有三张圆桌提供客户服务，例如登记入住或信息查询。所有的圆桌都有相同的模块化部件，但每张的造型都不同。柔美的幽紫色灯光洒在圆桌周围更添异样风采。顾客可以在这里自由参观，也可以逛逛商店和休息区。

平面图

杜塞尔多夫凯悦酒店

设计机构：阿姆斯特丹 FG stijl 设计机构
项目地址：德国杜塞尔多夫
项目面积：20 696 平方米
摄　　影：Hans Fonk

　　这座豪华的酒店位于杜塞尔多夫热闹的 Media Hafen 区。该区域是众多时装屋、设计机构及广告公司的聚集地，站在莱茵塔上可以一览该区域的壮丽景色，包括德国一些最壮观的现代建筑。位于远处公共空间上方的卵石酒吧为所有游客提供了闪亮识别点。酒店的入口在房间形成的巨大悬臂式檐篷下，紧挨着它的是一个 26 米宽的大阶梯，通向两座悬臂式大楼之间的平台上，一个大水池作为玻璃天窗覆盖于宴会厅上方。

　　酒店一楼的完全釉面设计展示了酒店各个方面的不同之处，甚是吸引人。客人可以通过正门或侧门长廊直接进入 Dox 酒吧、Dox 餐厅或咖啡厅。酒店周围景色优美，在一楼所有公共空间都可观赏到海港风光。而其内部设计则基于突出此壮丽景色的前提下，营造一种温馨亲切的感觉。由 FG stijl 设计并反复出现的酒店室内设计主题则是贴合海岛的环境元素——芦苇。

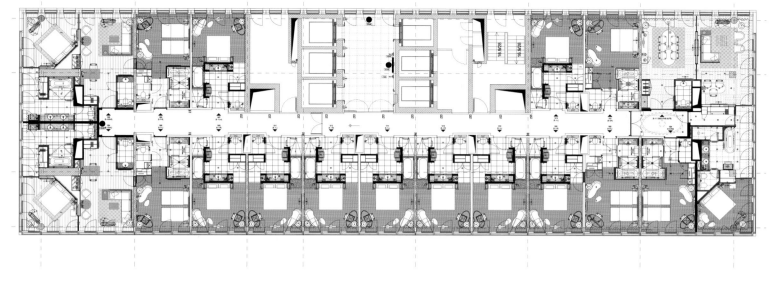

平面图

TREATMENT ROOMS
CHANGING ROOMS

阿尔皮纳酒店

设计机构：伦敦 HBA 设计机构
项目地址：瑞士格施塔德

　　HBA 设计机构主要负责阿尔皮纳酒店大厅、休息区及客房部分的室内设计。从其突出的位置、根深蒂固的传统以及格施塔德的富饶程度来看，不难发现 HBA 设计团队的设计宗旨是为客人创建舒适、愉快、奢华的享受体验。

　　HBA 的设计灵感源自历史与传说。相传神想要在创世的最后几天休息一下，于是将手放在最后一块未被触及的土地上，从而创造了 Saanenland 地区，他手掌触及的区域就形成了今天的格施塔德。有历史记载，19 世纪中期 A.W. Moore 到阿尔卑斯山探险，并在其游记中描述了一个至今仍保持着原始状态的地方。HBA 将这两个观念融合到一起，着手构思设计方案并搭配奢华的内部设计，以迎合当今社会客人们对国际豪华酒店高档优雅的生活姿态的追求。

GRUPO 3K 酒店

设 计 师：Mário Videira, Joana Proserpio
创意总监：Nuno Gusmão
合作伙伴：FSSMGN Arquitectos
客　　户：Grupo 3K 酒店
摄　　影：João Morgado

　　这个项目包含酒店标识系统发展、色彩研究和用主题图片定制的特殊空间。客户的目的在于让整个酒店给人一种欧式的感觉。为了达到这个目的，我们在酒店房间里挂了一些带有欧洲各国语言和文化标识的图片、文化偶像的照片和欧洲国家的地图。这些空间由特殊的色码组成，让每一层或区都拥有不同的氛围。从一楼到七楼，我们将会看到不同的色系（每层一种色系）。从不同的元素中都能观察到这种色码，比如房间里的窗帘、酒店的主楼梯、电梯前房间楼层的彩色地图，还有沿着走道的房间门牌号。从一楼往下到负四楼（停车场的最后一层），基本上是黑色和白色——也是贯穿于整个大楼的中和色，还有深红色——酒店本来的颜色。

喜达屋酒店集团

设计机构：Jump 建筑事务所
项目地址：美国斯坦福
项目面积：约 600 平方米
摄　　影：Jump 建筑事务所

　　设计师用雕塑引导客人来到大理石的接待台，其背光面折射出大理石墙板上散发着柔和光芒的浮雕——"一个体验世界的更好方式"。客人们等候在休息室里，旁边是一个覆盖于大理石上的 LED 电视墙，来回滚动着关于理想胜地的抽象图片以及最新推出的酒店特色服务预览。

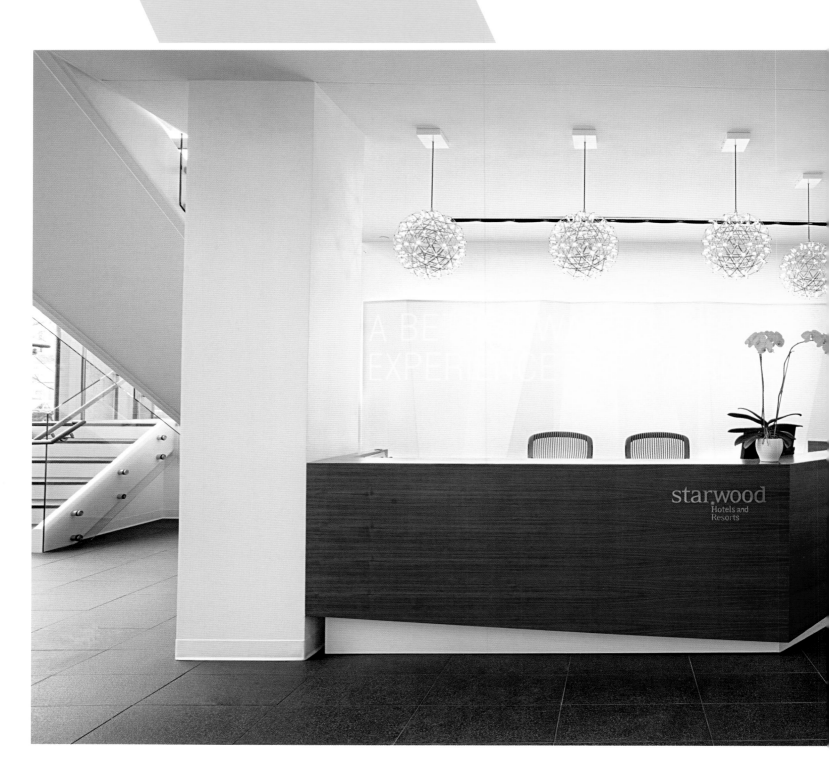

图书在版编目（CIP）数据

前台接待大堂：全 2 册 ／ 博远国际图书出版社有限
公司编 . — 天津 ：天津大学出版社，2014.1
ISBN 978-7-5618-4959-0

Ⅰ . ①前… Ⅱ . ①博… Ⅲ . ①饭店－室内装饰设计
作品集－世界－现代 Ⅳ . ① TU247.4

中国版本图书馆 CIP 数据核字（2014）第 018552 号

出 版 发 行　天津大学出版社
出 版 人　杨　欢
地　　　址　天津市卫津路 92 号天津大学内（邮编：300072）
电　　　话　发行部：022-27403647
网　　　址　publish.tju.edu.cn
印　　　刷　深圳市新视线印务有限公司
经　　　销　全国各地新华书店
开　　　本　235 mm × 320 mm
印　　　张　31
字　　　数　420 千
版　　　次　2014 年 5 月　第 1 版
印　　　次　2014 年 5 月　第 1 次
定　　　价　498.00 元